又简单又高效的记忆法

中国纺织出版社有限公司

内 容 提 要

看到节目《最强大脑》上选手展现的高超记忆力，你或许以为学习记忆术是一件超级困难的事情。世界记忆大师赵亮结合自己学习记忆法的经历，用通俗易懂的语言，在本书向读者传授了又简单又高效的记忆法。高效记忆的过程就是对内容进行关键词的提取，发挥想象力对关键词进行图像转换和联结，再将关键词放回原来的内容进行回忆和复习。本书结合大量的生活案例、数字类信息、中文类信息、英文类信息和图形类信息进行记忆法的细讲，针对过目不忘、方法麻烦等记忆误区，赵老师也做了说明和厘清。

图书在版编目（CIP）数据

又简单又高效的记忆法 / 赵亮著. --北京：中国纺织出版社有限公司，2020.1

ISBN 978-7-5180-6747-3

Ⅰ.①又…　Ⅱ.①赵…　Ⅲ.①记忆术　Ⅳ.①B842.3

中国版本图书馆CIP数据核字（2019）第219198号

策划编辑：郝珊珊　　责任印制：储志伟

中国纺织出版社有限公司出版发行

地址：北京市朝阳区百子湾东里A407号楼　邮政编码：100124

销售电话：010—67004422　传真：010—87155801

http：//www.c-textilep.com

E-mail：faxing@c-textilep.com

中国纺织出版社天猫旗舰店

官方微博http：//weibo.com/2119887771

天津千鹤文化传播有限公司印刷　各地新华书店经销

2020年1月第1版第1次印刷

开本：710×1000　1/16　印张：13

字数：326千字　定价：45.00元

前言 1

我与世界记忆锦标赛

我于2011年接触快速记忆，2014年开始练习竞技内容并首次参加比赛，由于缺乏有效的指导，成绩波动很大，导致世界赛铩羽而归。2015年在石彬彬、刘俊、赵美君等优秀记忆大师的指导和激励下，我转变练习策略，成绩突飞猛进，在10月初的天津区域赛获得全场总亚军，一个月后参加在江苏昆山举行的中国总决赛，成功晋级世界总决赛，十二月中旬在四川成都为期三天的比赛中成功斩获记忆大师的称号。

2011年秋，我读大学一年级，可能跟你们很多人了解快速记忆的方式一样，我在一场讲座中认识了一位记忆大师。

下午上课前，我提早来到教室。记得当时要上的课是体育概论，我坐在教室中间一列第四排左边的位置，第一排有一个同学是四班的学霸。我前面坐了个兼职卖鸡蛋灌饼的同班同学，他把装灌饼的书包塞在桌洞里，扭着身子跟我聊天。第四个来到教室的同学黑东手里拿了一摞红色宣传单页，我无聊地拿过了一张，结果上面的几个黑体字“世界记忆大师”让我眼前一亮。当时我心想：我一定要看看这个世界级的人物长啥样（最初的想法）。为什么对世界级的人物这么感兴趣呢？说来话长。我从小生活在农村，甚至没走出过县城，在摸爬滚打中经历了九年义务教育，我励志要走出农村，看看外面的世界。终于，我在高考中金榜题名，考上了我以及我家亲戚认为的山东最好的大学。入学第一天，我在学校门口站了很久，看着设计得很有艺术感的大石柱子，还有那不用人推自己就会动的门，以及晒得黢黑的保安大爷们。走进学校，我来到西面，发现那里还有“护城河”，河的对面是一座葱郁的小山，让人神清气爽，来到东面，还是一座山；我心里忐忑不安，来到南面，怎么还是山……我突然明白，我成功地从农村考进了山沟。所以，知道有世界级的人要来，我这次一定得抓住，不能让他“跑”了。

第二天晚上，全场爆满，现场互动氛围特别好，有个嘉宾现场表演记忆没有规律的数字和字母，以其不靠谱的技艺“成功”搞砸了这个表演环节，但是我们仍然给予了热烈的掌声。我们知道，这个记忆方法是靠谱的，只是嘉宾可能是个新手，因为太过紧张，甚至12345差点读成了哆唻咪发唆。经过记忆方法的现场教学，我对记忆方法有了基本的理解。我才知道，原来我们在生活中偶尔用到过的记忆技巧是有一套完整系统的。现场教学的内容都比较新奇，我听得格外认真。最后，大师推荐课程时我犹豫了，觉得记忆大师肯定有天赋，一切离自己都很遥远，这种方法肯定不是想学就能学会的，还是算了吧！就在走出教室的那一刻，我又有点失落地回头看了一眼（正是这一回头让我进入了记忆领域）。正好一个朋友在报名，我就走过去问他：“你要学吗？”他说：“当然，你也陪我一块儿学学呗！”就这样，我也报名了。如果现在你再问我当初学习的理由，可能我也不清楚，虽然当时我认为自己没有学会的可能，但直觉让我不要错过它，我觉得自己必须尝试一下。

大部分成年人的理解能力都差不多，所有内容只教了一天半的时间，方法基本听懂了。期间，我们利用方法做了两次测试，5分钟的时间记忆30个没有规律的数字，在第一天下午的测试中，由于是刚学的方法，对于编码之类还不熟练，所以全班40个人，有一半表现优秀的同学全对了，另一半同学出错了，我也出错了。因为一开始编码还不熟练，所以记忆时先要花很长时间对编码做出反应，浪费了大量时间，我就是因为太生疏而没有按照方法记完。第二天上午，我们又做了一次测试，这一次全班39个人都对了，只有我出错了。我特别受打击，全班40

个人，只有一个人出错，为什么这个人偏偏是我，我也认真听课了，也认真做了笔记，难道其他人都比我聪明？我开始有点怀疑自己。课程马上要结束的时候，老师说："同学们，教你们用记忆方法记忆扑克牌吧。"我眼前一亮："啊？这还能记忆扑克牌？"方法能不能用在学习中，对此我丝毫不在乎，本来我的专业成绩也不差，但是能快速记忆扑克牌，这绝对是一个能在其他同学面前吹牛的好机会。老师讲了5分钟，我就清楚地知道记忆扑克牌的方法了，就跟魔术揭秘一样，看似神奇，揭秘后你就觉得原来就是这么回事，太简单了。但我明白，要做到快速记忆扑克牌是需要训练的（这是我自打会打酱油以来明白得最透彻的一件事）。

所有的方法学完后，全班40个同学都兴致很高（记忆能力上算是同一个起点），立马成立了学校记忆协会，约好以后每天早上一起去广场上练习记忆方法，让自己的能力不断提高。第一天，有两个同学因故没能到场，其余的人一起背编码、找地点，练得十分起劲，那天现场表演失误的那个嘉宾原来就是我们的师哥，他带着我们，帮助我们制订计划。第二天早上，又有两个同学因故没来，其他人还是按照计划做了一个早上的练习，但是很显然，有几个人已经有一些浮躁了，不知道他们能坚持几天。我站在湖边时也在想，一直以来我想过练习武术，想过学习画画，想过做风筝、包饺子、种土豆……但是好像所有的事情我最终都会放弃它们，不能坚持下去，当然我也从来没有在任何方面有过突破，所以这次的选择又能坚持多久，我自己也不知道。第二天训练结束，大家再次相约明天一早见面。不巧，第三天早上下了一场大雨，就是这一场大雨，冲掉了所有人的热情，这一天，只有我到了约定的地点。我打电话给会长，会长说："一般下雨我们的活动就会自动取消。"好，你们不来，我自己练，由于外面还下着雨，我便找了一个地下车库，开始了一个早上的练习。从第四天开始，再也没有协会的人来广场了，连当初设计训练内容的人都没有坚持下来。我专门在图书馆的一扇窗户旁找了一个清静的位置，每天练习1小时的扑克牌记忆，练习累了就向窗外望一望学校解剖室旁的阴森小路，每天对自己说："今天如果不努力，明天一定比躺在解剖室的标本还寂寞。"（从来没有试过这么有效的激励方式。）或者伴着夕阳西下享受大学努力的时光，看着眼前跑步经过的师姐暗暗发誓："只有练好扑克牌记忆，才能和师姐谈恋爱。"（这条激励方式似乎比前一条更有动力。）

我给自己定了一个目标，两个月内达到世界记忆大师记忆扑克牌的标准：2分钟记忆一副打乱的扑克牌。如果达到，说明我有这一方面的潜质，我就继续练下去，熟练掌握这项技能；如果达不到，就说明这套方法不适合我，我就从此"改邪归正"，回到我的原始学习状态。第一次记忆扑克牌是在我的大学宿舍，从六人间的小宿舍里找了一组地点，按照方法把扑克牌"挂"在地点上面，记忆了2遍，用时16分钟（读者如果是新手，可以当作自己首次训练的参考）。磕磕绊绊总算是回忆出来，记忆成功。就这样，训练开始了，接下来我又在校园、广场、体育馆、餐厅找了6组地点，就用这7组地点每天训练7遍，大概在一两个小时左右，强度已经算很小了，但是一天都没有断过（即使中断一天，也不能称作天天训练）。每天都有一点进步，甚至每一次记忆都会超越前一次。最开始因为时间比较长，所以进步空间比较大，有时一下子可以进步二十多秒，没过几天就进步到5分钟以内了，每次训练都只记一遍（本书介绍方法的重中之重）。5分钟以内的进步稍有些慢，但是每次训练都会有进步，而且一旦进入这个时间，那种成就感就不允许我下次比这次慢，并且我真的可以做到。

训练的第35天，下课后，我坐在第一排恍惚了一会儿,掏出扑克牌，拿出手机计时。这一次很流畅地记完了，一张一张去验证，发现全对，拿起手机一看，时间是1分59秒，第一次进入2分钟之内。我给自己设定的两个月要达到的目标，没想到一个月就达到了（熟能生巧），这一件事情给了我很大的信心，我也有了第一个人生中比较像样的目标：参加世界比赛。之前还没有一件事我能坚持到做出一点成绩的，这件事让我明白，只要坚持用正确的方法去练习，最终一定会有一个跟努力成正比的结果出现。有时你之所以不成功，是因为你只是有想法而迈不出第一步，有时是因为迈出了第一步而不愿意走下去（凡是技能类的，不怕笨，不怕晚，就怕你坚持）。

同时，我已经在不知不觉中把记忆方法运用在学习中，复习效率大大提高。教学楼游廊里站满了背诵考试内容的师哥师姐，以每分钟吐字600个的速度反复重复着自己的背诵内容。当然，这些师哥师姐都是学霸，临考试前半个月就开始按照这样的强度标准要求自己，吃得苦中苦，必定为人上人，所以最后考试中都会考出较好的成绩，可见死记硬背是最好的记忆方法之一（前提是能拿出足够的强度，下足功夫）。而对于我，说实话，我也不是一个在学习上愿意下太多功夫的人。当我学过记忆方法以后，再看到那些条条框框的笔记，我就尝试着使用方法记忆。最好用的一种方法叫作绘图记忆法，很多人应该都有所了解，我用得比较多，也总结出了一些自己的经验，越用越熟练，最快的时候，7个学科的重要知识点3天就可以全部用图画梳理完。然后再用两天的时间进行记忆，大概记忆2~3遍就可以清晰地记住。考试的时候所遇到的题目，凡是用方法记过的，都不会出错，因为记忆的印象特别深刻。这也给我节省了大量的时间来做竞技比赛训练。

慢慢地，当大家知道我拥有快速记忆的方法，不时会有一些同学来问我某些题目怎样记忆，我也会把我的一些经验分享给他们。当然，其中不乏一些比较认死理的同学，非要用自己死记硬背的方式跟我一较高下。有一天晚上，我们整个宿舍的人都在讨论，明天的考试抽象的内容比较多，考试的时候一定要注意审题，不要贪图速度而损失了准确度。这时我下铺的同学嚣张地对我说："亮子，明天2小时的考试时间，我可以用15分钟做完所有题目，你行吗？"我不甘示弱说："14分钟。"于是我们两个人就较上劲了。

第二天的考试时间是9点，我这位同学可能也觉得自己说下了大话，需要适当地拿出一点实力，所以一大早不到6点就买了早饭跑到了教室提前巩固考试内容。为了展示我的实力，我故意掐着时间点到教室，我进教室的那一刻已经开始发试卷了。我坐到位置上也没有提前浏览试卷，直接按下我随身携带的秒表，开始答题。巧合的是，几乎所有的题目我都遇到过，所以我在整个答题过程中都答得比较顺畅。尤其简答题是最简单的，因为这种题目不需要你有多么好的想象力、创造力，只要记住了题目对应的若干个答案，就绝对不会丢分。所以，我在答题时甚至上一道题的答案还没有写完，眼睛已经在看下一道题的问题了。最后一道题答完，按下秒表，我没有完成14分钟的目标，最终时间停留在21分28秒。当我起身交卷的那一刻，我用眼睛的余光瞟到几乎所有的同学都在抬头看我。放好我的试卷，我还故意向挑战我的那位同学以及三位监考老师做了一个武术里面的"承让"手势。走出教室的那一刻，我发现所有人都在目送我，虽然不是生离死别，但着实有一种《赌神》里的发哥走路的霸道感。

最后我这次考试的成绩是92分。在这些实践运用和考试当中，我发现这一套记忆方法，最大的优势不是在于让我的记忆如何快速，而是它的准确度特别高，在大学后来三年6次的期末考试当中，凡是考到的我记过的题，我从没有出错过。所以，我真心感谢这套记忆方法给我带来的方便。也正因为我是这套记忆方法的受益者，所以，当我跟别人讲到快速记忆的时候会感到特别骄傲与自信。但在运用的过程之中，我也发现了一些理论知识涉及不到的经验。于是，我决定在记忆方法的实际应用方面下功夫，修正出最好用的记忆方法（后来的想法）。

2012年，默默地学习躲过了"世界末日"；2013年，边学习边教课；2014年，世界脑力锦标赛再次在中国举办。说实话，对于一个从农村考到山沟的大学生而言，让我只身一人去欧洲参加比赛，我还真的有点害怕。既然是在自己的家门口，那就抓住这个机会试一下吧。于是，我按照三年前的方法开始练习。

想要进行有效的训练，首先要解决的是找到一个安静的场地，因为对于记忆来讲，可能你的一个走神就决定你本次记忆的失败。宿舍是一个最节省时间的地方，但是有两方面问题，第一个就是宿舍的环境会让你感觉到太安逸，毕竟对于课程比较轻松的大学生来讲，赖床还是非常普遍的。躺在床上或者坐在床上会让身体过于舒服，大脑就不会紧张起来，如此安逸的环境不能让大脑的工作效率提高；另一方面就是我那几个同宿舍的哥们儿，要么拿着一个哑铃吼吼哈嘿，练得胳膊比腿都粗，要么不时传来几声Fire go go go或者德玛西亚万岁，在这样的环境中真的是影响记忆。在世界比赛时，现场会非常安静，摄像师拍照的快门声都会被禁止，所以不需要找练习抗干扰的场地。刚开始我以为图书馆是一个好地方，但是后来发现图书馆人太多了，都抢不到座位。而且想象一下，当别人都在那里认真地看书的时候，就我一个人拿着20副扑克牌摆在桌子上，路过的同学都会好奇地多瞅两眼，其中还曾有一个图书管理老师走过来问我："同学，你不好好看书，你在干吗呢？你这是要在考试之前先给自己算上一卦吗？"最终，我从学校舞狮队队长那里要到了一把宿舍楼地下室的钥匙，这个地下室就是一个储藏室，放了一些我们学校中华舞狮表演的器材。我把地下室简单打扫了一下就开始训练了。

那段日子，只要不上课，我就会来到地下室，坐在四头狮子中间，练习世界比赛的十大项目。每当练习累了的时候，我就会站起来往"窗"外望一望，当然，地下室是没有窗户的，但是我有非常好的想象力，我可以想象我的面前有一扇窗户，窗外是各种肉夹馍和鸡蛋灌饼。看一会儿觉得没意思了，我就回到座位上继续训练（当然，我并没有因为训练记忆力而出现精神问题）。在训练的过程中，我发现自己并没有特别高的天赋，付出同样多的努力，往往其他人比我的进步要快一些。幸运的是，在这项训练里我还算努力，我能找到自己感兴趣的点，并且为了这些点可以做更多的努力。我一般每天能坚持有效训练时间4~6小时，晚上做训练的时间比较多，回到寝室休息时往往都到睡觉的点了。在后来的学校宣传部给我写的人物志中提到：为了激励自己，赵亮还会在“训练室”里挂一面国旗。

为了劳逸结合，我偶尔下午会去体育馆锻炼两小时。我发现每当我进行锻炼之后，洗完澡放松休息一小时，此时的记忆效率是最高的，准确率几乎每次都可以达到百分之百，而且速度极快。原因很简单，我们人体平时的毛细血管不是所有的都参与工作，有一半的毛细血管工作效率是极低的，因为我们身体在不运动的情况下，不需要那么多的血液来为肌肉提供氧。当人体一旦开始运动，全身的毛细血管通通打开为身体输送氧分，为肌肉运动增加氧的同时也为大脑带来了充足的氧分，大脑氧含量充足，工作效率提高。读者如果你要进行竞技比赛的训练，一定要注意平时的运动，劳逸结合，不能只是坐在那里埋头苦干。所以我每天训练也不是非常多，因为一旦训练时间过长，大脑就会特别疲劳，训练效率就会降低，此时的训练几乎没有什么效果。

经过一段时间的训练，各项成绩都有很大提高，但是水平不稳，状态好的时候成绩能远超记忆大师的标准，状态欠缺的时候成绩也是惨不忍睹。就这样，在磕磕绊绊中，2014年国庆节期间我报名了天津区域赛。

当初40个一起学习的小伙伴，最终只有我和一个师哥两个人坚持了下来。我们两个人都是第一次出远门。来到火车站买车票，车站门前排了好几条长队。我们两个人在讨论哪一条队伍买票最便宜，师哥很自信地说：队伍最长的那一条最便宜，都是贪小便宜的心理，我一个心理学院的高材生，相信我绝对没问题。于是我们找到最长的队伍排了半个小时，终于轮到我们的时候，对面一句：煎饼果子几个，要不要放香菜？

比赛的第一天非常的期待，第一项是人名头像的记忆，比赛的过程没有什么可描述的，具体的记忆方法后面我都会有详细的讲解。给我印象最深刻的就是比赛时的状态，由于是第一次比赛，而且是脑力比赛，心里的紧张对比赛的影响非常大。翻开试卷的前十秒脑袋里几乎是空白的，试卷翻页的时候翻了好几次没有翻过去，虽然很紧张，但是比赛结束之后还是非常享受这个过程的。在成绩不稳定的情况下，千万不要贪多，贪多嚼不烂是成绩一般的选手的注意点。在随机词语的记忆中，我记忆了36个，复习了好多遍，但是在默写的过程中，第27个词语是“揭开”，由于我在记忆时图像呈现不够具体，结果没能想起来。我们的比赛是比较严格的，错一个扣10个的分，所以当我发现第27个词语实在回忆不起来的时候，我就放弃了后面的书写，保证前面的26个是完全正确的，但是心里明白这个项目可能要跟大家拉开差距了。当成绩出来的那一刻，我惊讶地发现我竟然是全场第二名，后来我才了解到原来很多选手为了能拿到一个好成绩，记忆了60多个，结果由于记忆的太多，造成记忆不是很清晰，在回忆默写的过程中几乎每一列里面都有写错的词语，最终导致记得最多的反而得了零分。所以经过这一场比赛立马就可以总结到，在以后的训练中保证正确率是最主要的，正确率不能保证，训练得再多都白费。

由于缺乏比赛经验，发挥不是很好，但是大家几乎都是第一次参赛，所以最终我还是以靠前的成绩进入了中国赛。有了第一次比赛的经验，中国赛的发挥就好了很多，起码扑克牌放在手里，不会因为紧张而抖掉了。并且由于这场比赛好多年没有见的老朋友又相聚在一起，比赛之前相互加油，比赛之后互相分享经验，比赛结束把自己的朋友圈介绍给对方，这是远远超出比赛本身给我们带来的意义和收获，这些收获都会成为我们以后生活、学习、工作中的一笔非常巨大的财富。

可是海南的世界赛再次出现状态低谷，对于记忆的状态低谷，一方面我们会觉得非常可恨，但是另外一方面它又挺奇妙，让你琢磨不透，明明我在记忆的时候已经产生了非常清晰的图像，也看到发生了什么事情，但是等我回头去回忆的时候发现一点图像的影子都没有，或者跟其他的编码搞混。最终一小时数字我虽然记忆了1320个，但完全正确的只有480个。看到别人能对2000多，我都怀疑他们是不是用了更加高级的方法。等到一小时扑克开始，我已经不敢像记忆数字那样去冲击数量，平时训练是记忆16副，比赛中为了保证正确率，我只记了11副，记忆了6遍，最终全对（对现在的选手来讲，这个成绩已经很普通了）。

全部比赛结束，有好多伙伴如愿以偿拿到了“世界记忆大师”的称号。晚上的闭幕式授予证书，我心里有一丝羡慕，也有一丝嫉妒，未经历练的我有点点不能正视自己的成绩，所以并不想跟他们一起参加闭幕式，便提前赶往机场回到了学校。当时我正好赶上实习，在一个高中里当老师，比赛是请假去的，所以当我回到学校之后，很多学生都问我：老师比赛结果怎么样？我跟他们简单讲述了一下，所有的学生都来安慰我，说已经很是崇拜我了，支持我加油明年再战。其实我也知道，孩子们话虽如此，但只有我知道自己在这一方面付出了多少，最后没有拿到自己想要的，失落感总归会有的。不过，我很快冷静下来开始分析我失败的原因，而在这个过程中，脑友美君给了我很大的帮助和启发，我感觉脑力圈好像没有她不知道的。所以一有问题我首先想到的就是她，她也时不时开着玩笑问我索要红包当学费，我就以下次见面请她吃饭为由这么欠着，不过到现在也没请她吃过饭，挺没良心的。

首战的失败不仅没有打击到我，反而增加了我明年再战的决心，我一定要拿到记忆大师的称号（最终的想法）。

第二年，离世界赛还有三个月时，已经参加工作的我向公司申请了三个月的假期，老板支持参加比赛，同意了。我找到一个大学的自习室，跟考研大军一起，开始往我们各自的目标进发。每天早上坐着公交车去学校，一路上戴着耳机听着随机数字（世界脑力锦标赛十大项目之一），到教室时这一项就差不多练习完成。接下来就摆出扑克牌，先做一个训练前的祈祷，祈祷学校主任不要来检查学习秩序，要不然看到我在“算命”肯定会没收我的“工具”。下午时分为了保证晚上练习的效率，会适当去学校的小公园里散散步、看看花，终于一个月后看吐了就不再去了。随着实力的渐增，记忆过程中会用到更多的地点，便去周围的学校找了大量的优质地点，每一个都拍了照片。有很多地点在厕所附近，拿着相机对着厕所一顿猛拍，好几次我看到几个保安大爷静静地望着我，时不时整理两下别在腰间的警棍。所有地点每一周就会复习一次，加深印象。

这次我根据自己的反思，已经有很大收获，再加上美君对我的一路扶持，我的很多比赛项目都练习得比较扎实，快速扑克最快也能达到20多秒。但是马拉松的训练我一直比较少，平时都以短项目为主，所以马拉松扑克和马拉松数字还有很大进步空间。这一次我依然选择了天津赛区，据说有一位大神级的选手空降，我并不是以卵击石，而是我明白，高手自有成为高手的原因，我要成为高手，就要接近高手。

来到火车站，我还是跟去年一样，只不过这次我是一个人。先去了最长的队伍排队，煎饼果子比去年贵了一块五毛钱，而且增加了肉夹馍、豆腐脑。连卖煎饼果子的阿姨的产品都有这么大的变化，我感觉也需要让大家知道我的变化了。

终于见到了世界冠军石彬彬和刘俊，抓住这个跟冠军差不多同床共枕的机会，询问了很多技术层面的问题，自是感觉收获颇丰。

本场比赛，石彬彬的实力冠军无疑，所有竞争亮点就落在了我和刘俊的身上。第一个项目人名头像结束后我是全场第二名，又过了两个项目刘俊反超了我，而且领先到第二天，后来我又反超并坚持到了最后一个项目——快速扑克，但此时我们俩的差距微乎其微，我们都在不断试探对方最后一项的实力。快速扑克一共有两轮，取最好成绩一轮为最终得分。我们两个人谁都不敢大意，所以第一轮我们均选择了记忆两遍保证完全正确的策略。结果我们两个人都成功了，但是我用时要更短一些，所以我目前依然是第二名。中间给出20分钟的休息时间，刘俊已经知道了我的成绩，他算了一下，第二轮我们都会只记忆一遍，如果他成功而我失败的话，他就会反超我，而我要保住第二名就必须也成功。我们两个人此刻都非常兴奋，他兴奋的是我因为要保住第二会很紧张，紧张就有可能出错，而他记忆一遍的准确度还是比较不错的；我兴奋的是马上就可以回家了，天津太冷了。

第二轮，和以往一样祈祷（这是放松大脑的一个环节）。此时我的大脑里只有地点，并且我看得非常清晰，我感觉自己在各个地点之间游走，大脑非常放松。计时开始，所有的扑克牌迅速转化成编码，编码一个个跳到地点上，在地点上你追我赶，一阵厮杀，狼烟四起……计时停止，烟消云散。拿出一副新的扑克牌按照记忆的顺序开始复原，刚才的战火场景在我的大脑里再一次还原，一张接一张，全部复原完成，检查完一遍，时间还没到，心里忐忑不安，紧张又有期待。核对答案，第一张正确、第二张、第三……最后一张，完全正确，区域赛亚军一锤定音。

喜悦有那么一刻就够了，回到学校，继续训练。有了几位高手的指导感觉果然不一样，他们只给我指点了一句话，我的一小时扑克就从15副提升到25副，一句话就能让我带来这么大的改变，如果不是发生在自己身上恐怕我是不会相信的。所以说，要想成为什么样的人就要跟什么样的人在一起。事情并没有你想象的那么难，关键看有没有陪你走下去的教练和朋友以及自己的决心。

2015年的12月，“天府之国”成都的气候格外舒服。来自24个国家的200多名选手进行了为期三天的角逐，大赛格外激烈，最后全场竟有20多位顶尖高手打破世界纪录，破纪录总和史无前例。最终，我也以自己较为满意的成绩达到了世界记忆大师的标准，完成了我两年来的目标。我一直觉得自己成为世界记忆大师的那一刻一定会高兴得尖叫起来，但是结果到来的那一刻我并没有表现得过于兴奋。后来我才知道，那种心理是因为你的付出已经足够，让你觉得回报是必然的。

本书是以我们生活、学习、工作中常见的数字、中文、英文、图形等信息内容为记忆范围，以图像为基础，通过生活应用、学习考试、百科知识等案例的形式进行记忆方法讲解，包括图像转化方法、配对联想方法、串联方法、定位方法、绘图方法等多种记忆方式。每一种方法都有各自的优势和特点，不仅可以提高记忆的速度，提高记忆准确度的效果更是明显。所有方法都是在理论知识的基础上经过了大量的实践运用整理出来的，适合所有初中生、高中生、大学生、教学老师以及各类考试人员。所有的方法并不能改变你大脑的结构，让你变成一个“超体”，也不是要对你大脑中潜伏的能力进行开发，而是在你已有知识经验的基础上，利用你的想象力和理解力对需要记忆的信息进行加工，整合成大脑感兴趣、觉得容易的信息，从而增加对信息记忆的准确度和持久性。只要在生活和学习中有意识地不断调用它、练熟它，它就会成为你的随身技能。

在学习本书所介绍的记忆方法之前，首先我们要正确认识它，避免对名称的直观感受产生错误理解。

前言 2

各种记忆误区

过目不忘

之前我每次给大家做快速记忆的展示，初次接触这种技能展示的人会好奇地问我：赵老师，你是不是经历的所有事情都不会忘记？当然不是，在生活中，如果我不使用这一套系统，我对自己所有经历的事情的记忆能力跟其他人是一样的。

我们脑力圈的很多人喜欢给别人举一些案例，说全球有20多个人可以做到对生活中的任何细节信息都可以清晰地回忆，甚至有的人读了2000本书都可以一字不漏全部背诵出来。我不否认奇迹的存在，但是我在生活中从没见过这样的人，更没有数过是不是20个，所以各位读者应根据自己的知识经验，以端正的态度去看待这些新闻。

生活中很多人对记忆方法的理解，当然也是很多教记忆方法的机构宣传常用的标语：过目不忘。对于“过目不忘”这个成语，我们的理解是我们对想要记忆的信息只看一遍，就可以全部记住。遗忘总是存在的，而且我们似乎无法把握生命中的哪一场经历、哪一种信息、哪一个瞬间会让我们很快忘掉，或者让我们终生记忆，正常人的大脑只会选择性地记忆所接收到的信息。我在使用记忆方法时，可以让自己把想记忆地信息在需要回忆它的时候，尽可能正确地回忆出来，而且我们学习的目的更重要的是理解，在理解能力的参与下，或许单纯快速地过目是不够的，我们还是需要花一点点时间来理解它。

过目不忘不假，但现实生活也不是电影。

短时记忆

我们对知识的学习，其中一个目的就是为了永远记住知识本身，但在我们的学习过程中会遇到记了忘、忘了记的经历，导致怀疑自己学习能力是不是有问题。很多人认为快速记忆方法是短时记忆，记得快，忘得也快。就像在表演的时候很快记住了一副扑克牌的顺序，但是过几天这副扑克牌的顺序就已经忘记。

在我参加世界比赛期间，在赛场上我所记忆的数字、扑克等比赛信息，在状态比较好，且没有任何复习的情况下，过五六天之后去回忆，基本能回忆出所有的信息。但是随着时间的推移，如果不复习的话，慢慢地我就会把这些信息给忘掉，甚至忘得一干二净。当然，比赛记忆的是没有太多理解意义上的内容，我们生活、学习中的内容，因为加入了大量的理解，所以很少出现忘得一干二净的情况。

世界记忆冠军也不能做到任何信息记忆一遍就终生不忘（据说大象可以，但也只是“锯”说，“斧子”没有说过，我们更无法验证）。心理学家艾宾浩斯发现的遗忘规律证明，复习是保证大脑中信息存留时间延长的重要因素之一。我们的记忆方法同我们原始的记忆方式比较，的确可以增加我们对信息印象的清晰度、准确度，甚至持久度，但不代表终生不忘。所以我们即使运用记忆方法记忆知识，也需要对内容进行复习，具体的复习方式我不需要讲，学完记忆方法你就会了复习方法，如果你还是担心自己找不到很好的复习方式，不如听我的，先去尝试把记忆的方法运用好。因为如果你能到达复习这一阶段，证明你前面熟练使用方法记忆信息已完成，此时你对大脑记忆的理解和收获，完全可以自己寻找适合自己的复习方式。

方法麻烦

很多第一次跟我见面的朋友，当他们知道我是记忆大师，会开门见山地让我现场教他们一些方法来记忆他们当下学习、工作中的内容。刚开始这种情况下，我很乐意分享，但后来我便不再直接分享方法。不是我不愿意把这个技能分享给身边的朋友，而是在他们没有进行练习、没有任何记忆基础的情况下，我直接把方法给他们，他们不仅没有觉得记忆更容易，反而觉得方法太麻烦，导致他们边想方法边去记忆，花的时间更多了，最后对这个方法失去兴趣和信心。

任何一项技能的熟练应用都需要花时间来练习，记忆方法就是一个思维层面的工具，而使用工具就需要首先对工具进行熟悉和练习。就像吃饭，用手抓是最快、最简单的，但是当你把筷子使用熟练，你就可以更轻松地品尝任何食物，包括火锅。

碍于理解

我们通过天马行空的想象转化成图像完成了一本书的记忆，记忆的图像跟书中内容的原意好多没有任何关系。于是有人就说了，把内容进行了这么大程度的曲解，记了一堆乱七八糟的图像，这不是影响我对书的理解和应用吗？我很想问一下，用你原来的方式，你记完了，你就可以理解、应用了？退一步，用你原来的方式一本书你能这么快记住？所以本书当中有一句话会重复出现多次：记忆是记忆，理解是理解。

当然，对于年龄比较小的孩子，比如三四岁就跟着广播一句一句地读《弟子规》《百家姓》等，这一点我觉得不管他们能背诵多与少，我都觉得非常好。但是有些家长往往想让他们能领先于起跑线，就问我能不能用我的方法教五六岁甚至更小的小孩子去背诵《弟子规》之类，我会直接拒绝。年龄太小的孩子，他们的学习方式就是模仿，看到什么认识什么，听到什么模仿什么，就可以了。本书所讲的这一套方法需要你有一定的理解能力，是你成长到一定阶段才需要的能力，就像上小学的你不需要会开车一样。所以市面上有一些把《弟子规》《千字文》《百家姓》之类的经典，谐音成看似很符合记忆方法的内容让小孩子来背诵，我是很排斥的。

目录

第一章

世界脑力锦标赛记忆方法原理

第一节 记忆系统

记忆是心理学中研究最多的一个领域。20世纪50年代中期以后，许多心理学家用信息加工的观点来解释记忆。根据记忆过程中，从信息输入到提取所经过的时间间隔不同，编码的方式不同，一般把记忆分为三种系统或称三个阶段，即感觉记忆、短时记忆和长时记忆。如图：

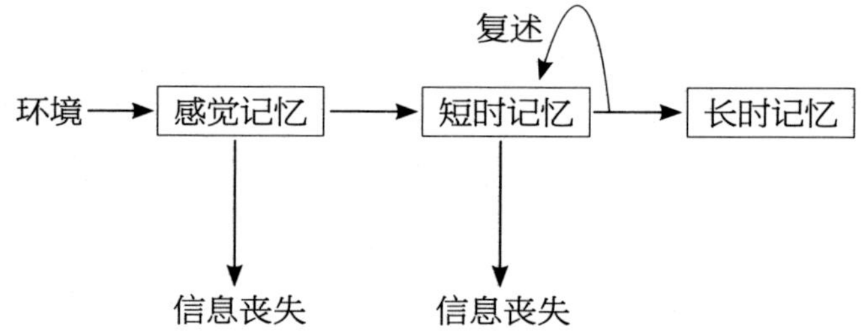

感觉记忆

当刺激物停止作用以后，感觉并不立刻消失，而是在一个很短的时间内保持它的印象。例如我们注视灯光，关上电灯后，我们会在很短时间内保持对它的印象。这种如视觉中的后象，只瞬时储存的记忆，就是感觉记忆，也称瞬时记忆，还有人称为感觉登记。这是记忆过程的开始。

短时记忆

是信息加工系统的核心。在感觉记忆中，经过编码的信息，进入一般短时记忆后，经过进一步的加工，再从这里进入可以长久保存的长时记忆。信息在短时记忆中一般只保持20~30秒，但如果加以复述，便可以继续保存。复述使它延缓消失。短时记忆中储存的是正在使用的信息，在心理活动中具有十分重要的作用。首先，短时记忆扮演着意识的角色，使我们知道自己正在接收什么以及正在做什么。其次，短时记忆使我们能够将许多来自感觉的信息加以整合构成完整的图像。再次，短时记忆在思考和解决问题时起着暂时寄存器的作用。例如在做计算题时每做下一步之前，都暂时寄存着上一步的计算结果供最后利用。最后，短时记忆保存着当前的策略和意愿。这一切使得我们能够采取各种复杂的行为直至达到最终的目标。正因为短时记忆有这些重要作用，在当前大多数研究中，它被改称为工作记忆。

长时记忆

是信息经过充分加工后，在头脑中保持很长时间的记忆。长时记忆就像是一个巨大的图书馆，它保存着我们将来可以运用的各种事实、表象和知识。长时记忆的容量是个天文数字，几乎是无限的。在长时记忆中，信息可能保存至永远。短时记忆是20世纪60年代后才引起人们广泛研究的。自19世纪德国心理学家艾宾浩斯首先系统地研究记忆以来，长时记忆一直是心理学家关注的焦点。

在这个理论的基础上，充分调动视觉、听觉、味觉、嗅觉、触觉等各个感官并且进行科学的训练，记忆的印象会加深，记忆持续的时间就会延长。

第二节　大脑容易记住的是图像

初一的暑假，班主任布置了一项作业，暑假期间阅读完《鲁滨孙漂流记》，然后写一篇读后感。这项作业还是比较简单的，只要读完了这本书简述一下故事内容，写写对故事的理解和感悟就可以了，唯一耗时间的环节就是对书中内容的阅读。班里每个同学的阅读习惯不一样，有的人喜欢快速阅读、浏览式地阅读，阅读速度比较快，速度的提升损耗的就是对内容的理解，但是阅读速度是可以通过训练得到一定程度的提升，同时不会有太多对内容理解的损耗的。我通常不太喜欢看小说类的书籍，但是《鲁滨孙漂流记》在硬性要求下越读越有意思，所以我几乎是一个字一个字地去读的，用了大概一周的时间读完了，理解得非常透彻，刚阅读完那会儿几乎故事的每一个细节都清晰地记得。回到学校我们所有人都完成了这项作业，对故事的体会虽然都不太一样，但是对故事的概述都是一样的，说明每一个人都把这本书读完了，但我是读得比较慢的，其他人最快的两三天就读完了。我的同桌是一个胖子，这是我生活中见过的最胖的人，不过骑自行车倒是挺灵活，自行车一周换一次内胎，补都没法补。他非常勤奋，学习非常好。我问：《鲁宾孙漂流记》你读了多长时间？他头也没抬，嚣张地扔下一句话："两个小时。"我说："哥，我虽然打不过你，但是不至于这么坑我吧。"他笑笑："因为我家有这部电影的光盘，我看的电影，这多省事儿。"我立马就惊讶了，不是惊讶于他的聪明，而是惊讶于他家竟然有DVD！

不得不说，他做了一件非常聪明的事。我们需要承认，几百个字描述的画面，一个镜头就解决了。一幅画面我们可以描述得天花乱坠，反过来，描述得天花乱坠的一段文章，一幅图画就囊括了。大家还记得六年级学习的一篇文章吗？"深蓝的天空中挂着一轮金黄的圆月，下面是海边的沙地，都种着一望无际的碧绿的西瓜。其间有一个十一二岁的少年，项带银圈，手捏一柄钢叉，向一匹猹尽力地刺去。那猹却将身一扭，反从他的胯下逃走了。"学过的同学相信对课本上的插图印象非常深刻，图片几乎把这一段内容概括得一字不漏。对于文字的阅读，我们需要花费大量的时间，但是一幅图画我们多看几眼就能全面了解。所以一本书的内容我需要花一周的时间去阅读理解，而看完这本书浓缩成的一部电影只需要两个小时，在理解上大大节省了我们的时间。并且一部电影看完之后甚至过很长时间我再去回忆里面的镜头，几乎都还是有印象的，但是一本书内容理解完，文字却没有记下多少。

总结一句：人对图像的记忆能力远超对文字符号的记忆能力。

据说有一种速度非常快的阅读方式，据说一本书可以在几分钟到十几分钟内阅读完，由于我自己做不到，所以我很难理解这套理论。就像我之前讲课，每次都会讲到人的左右脑的分工，我只是从书面上知道这样的理论知识，我自己并没有亲身实践研究过，发现左右脑分工的诺贝尔奖获得者斯佩里博士并没有来讲全脑开发，反而是我们更多的记忆大师进入了这个行业。这并不影响记忆大师们对记忆方法的教学效果，我们虽然没有参与理论知识的探究过程，但我们是记忆方法的实践者，已经通过自己的实践证明了方法的可行性。对于目前市面上流行的一些大脑方面的理论，我自己做不到的，我就很难亲身去体会，只能保持中立，但是我仍然对这些方法充满期待。就像我在最开始接触快速记忆的时候，我也不相信一个人可以在那么短的时间内记住完全没有规律的数字和扑克牌，当我学完这一套方法系统发现，这完全颠覆了我之前对记忆的认识。所以，或许某一天我们也会突然发现，又一种新兴的方法取代了目前我们使用的图像记忆，到那时我们回头再看我们的图像记忆法，可能会觉得原来图像记忆方法这么慢，完全比不过我们新的记忆理论。

回到我们的话题，本书所讲的记忆方法，理论知识都来源于世界脑力锦标赛，经过了大量实践的认证。据说这个方法来源于古罗马时期，纸张的制造不像现在这么容易，很多东西都要靠大脑记忆。当时很多演讲家为了能记住大量的演讲内容，并且把这些内容按照顺序在演说的过程当中讲解出来，他们就想到了把信息放在宫殿固定的角落，通过宫殿对应的位置回忆所要讲的内容。后来有一本叫作《记忆宫殿》的书就清晰地介绍了这种方法。其实在我们的历史小说中也有使用记忆方法的人。《三国演义》当中有这样一个桥段，有一个叫张松的人去拜见曹操，曹操并没有非常礼貌地接见他，并且还在张松的面前炫耀自己写的兵书，谁知张松看了一遍兵书，就把里面所有的内容全部记了下来，并且复述给曹操，取笑曹操的想法与前人的见解雷同，曹操一气之下就把自己的书给烧掉了。很多人读到这个故事，只是感叹张松的记忆力惊人，并没有想过张松是否使用了记忆方法。而在我看来，如果我们把这件事想成是一件真实的事情，张松能做到一字不错全部背诵，要么他是一个记忆天才，要么有他自己的定位方法，要不然不可能达到任意抽背点背。再比如金庸的武侠小说《射雕英雄传》里，黄蓉的母亲阿衡，只看了一遍《九阴真经》就全部记忆，倒背如流，如果没有使用记忆方法，绝对不可能达到这样的效果。我记得中学课本里总会讲到，我们某项技术比欧洲早几百年甚至上千年，说不定在记忆方法层面做做考古研究 ，这套古罗马记忆法就要改名了。

我们所有的记忆方法就是三个步骤：**图像—关联—强化，这六个字是所有记忆方法的核心**。接下来我们精确地讲解一下这三个步骤，每一个步骤在记忆的环节当中都有重要意义。

第三节 图像—关联—强化

第一步图像，就是把我们左脑非常抽象的信息转化成右脑形象的信息。抽象信息包括数字、文字、字母、符号等，其实数字、文字、字母也应该称之为符号，所有的符号就是为了代表某一个事物的意义，而这些事物中有的可能很形象，有的可能很抽象，这些符号带给我们的更多的是理解上的抽象意义。还是举例说明，当我们去回忆很久很久以前经历的一些事情，比如去某一个地方旅游，你穿了一条牛仔裤和一件黑色外套，手里拿着一部相机，站在一座石桥上，前面是一条繁华的街道，旁边有卖装饰品的，也有卖臭豆腐的，臭豆腐摊的旁边有一条狗直流口水……这样一幅画面，如果是你亲身经历过的，过了很久你去回忆它，首先让你想到的肯定是脑海里留存的这样一幅画面，画面里就有我刚才用文字叙述的这些东西，甚至一些细节你都可以回忆得非常清楚，但是你绝对不会回忆起刚才描述的这些文字。所以，文字符号类只是为了辅助我们理解信息，而记忆信息需要通过图像。为了深切地体会，各位读者可以回忆一下，在我们上小学的时候背诵课文，有没有碰到过这样的情况，一篇文章我们反复读、反复背，最后把整篇文章背过了，而我们在最后老师检查背诵的时候仿佛能看到课本上的文字，就感觉书上的文字在我们的脑海里印了下来，我们并不是在背，而是就着脑海里能看到的文字在读。这样的情况也是把文字的样子记了下来，最终还是图像。所以，如果是非常简单的信息，我们就可以把所有的信息都转化成固定的图像来代替，这叫固定编码。使用固定编码的信息，不需要你有多少理解在里面，你只要按照方法把编码记下来就可以了。我们世界脑力锦标赛十大项目当中，绝大部分项目都不需要你去理解，只需要按照我们固定的流程把图像记下来即可，但这个流程需要你进行千锤百炼。对于内容比较复杂、变化量比较大的信息，比如中文文章，我们也可以通过图像去记，但是还需要加入我们的理解，两者结合才能达到最好的记忆效果。

第二步：关联。关联的目的是为了让信息更加完整。对于没有经过训练的人来讲，给你一串没有规律的数字，你可能记不下来，用一下方法把它们转化成图像，信息已经变得容易记忆，但是不代表已经可以完整地记忆。即使你有了第一步，把数字转化成了图像，但如果这些图像是散乱的，没有任何规律，也是不能准确地记住的。所以在图像的基础上，我们要进行第二步，关联，就是把我们要记的信息之间建立一个联系，能按照我们要记忆的顺序或者目的把它们完整地记下来。举例说明最简单的信息，点性信息中一个问题对应一个答案，简单来讲，就是一个词语对应另外一个词语。比如山东的简称是鲁，湖南的简称是湘，海南的简称是琼等，我们要记住的，不单单是这几个简称，还要把简称对应的省份准确记忆。如果我们按照第一步把鲁、湘、琼都转化成图像，我们还是没有记住每一个简称对应哪一个省份，所以第二步，我们要把简称和相应的省份关联在一起，看到山东能想到鲁，说到湖南能想到湘。而对于线性信息，这一点尤其是在考试当中更加重要。我们应该都遇到过这种情况，我们对某一个学科进行了一定的复习，但是复习得并没有那么熟练，在考试时恰巧考到一道背诵过的简答题，明知道这道题目有5个答案，但是在作答时只写出了三四个，总有一两个想不起来，更可恨的是走出考场打开课本一看立马就有印象。这种情况非常常见，原因是我们虽然对每一条答案都进行了背诵，但是答案与答案之间是没有联系的，而且有一些题目，它们的答案还长得挺像，这时就会出现遗漏或者混淆。但如果我们把每一个答案建立一定的关联，把所有的答案像铁链一样，环环相扣，联系在一起，那么只要回忆起其中一条答案，我们就可以顺藤摸瓜，把其他的答案也回忆出来。

第三步：强化。简单来讲，就是复习。这一步的目的是为了让我们对信息记忆得更加清晰。没有记忆法时，需要进行大量的复习来巩固我们学习的知识，运用记忆方法后，也需要进行复习和巩固。人的记忆非常有意思，有一些东西可能只需要一瞬间经历，就可以成为我们终生记忆的信息，一辈子都不会忘掉，而有一些信息，你会发现记了好多遍，还是会忘记。而且我们要承认的是，学校里的学科知识一瞬间就能形成终生记忆的不多。即使运用记忆方法，哪怕是世界记忆冠军也不能做到对任何一个信息只记一遍就终生不忘。但是值得肯定的是，运用图像记忆方法记住的信息，遗忘的速度相对于枯燥的死记硬背来讲是比较慢的，如果再加上科学的复习方式，就会让信息在我们大脑里尽可能长时间地保持。

总结我们记忆的流程，就是当你看到一个信息之后，运用一些手段把这个信息转化成图像，然后把图像与图像之间按照我们的记忆需求关联在一起，最后复习巩固我们记忆的内容，最终这个信息基本上就可以在我们的脑海里里牢牢地记住了。

第四节　数字编码

以一个普通的手机号为例，如18306××9527。我们大陆的手机号都是11位，11位数字记起来也没有那么难，重复几遍就会有一定的印象，但是如果没有复习可能印象很快就会淡化。但是如果按照图像记忆的方式转化成一连串的图像，只要把图像记清楚，这个手机号可能保持很长时间不会忘记。数字如何转化成图像？这里我们有一些技巧。

我们在小的时候应该都听过一首儿歌：1像铅笔会写字，2像鸭子水上游，3像耳朵会听话，4像红旗迎风飘，5像秤钩能买菜，6像豆芽咧嘴笑，7像镰刀割青草，8像麻花拧一遭，9像勺子能舀饭，0像鸡蛋营养好。这是当年我们在婴幼儿时期学的一首歌谣，歌谣通过象形的方式把数字都转化成了图像，非常容易联想记忆。有了这一串图像，刚才的手机号，我们就可以把所有的数字转化成一连串的图像来记，这样就有了铅笔、麻花、耳朵、鸡蛋、豆芽等一连串的图像。有了这一串图像，我们发现仍然不容易记住图像的顺序，那么就要进行下一步，关联。关联，其实就是我们小学生的看词造句，给你一个词语，你能造一个句子，给你两个词语，你也能造一个句子，给你十个词语，你就可以编成一个小故事。这样通过我们所编的故事，可以根据事情的发展，按照顺序把所有的图像回忆起来，这一步具体如何来操作后面我们还有精确讲解。可能有人提出，记忆一个手机号，我只需要记住11个数字，换成图像，印象确实更加深刻，但是我为了记忆11个数字就要去记忆11个图像，感觉这个方法变得更加麻烦了。

技能就是这样的。就像吃饭一样，直接用手去抓是最简单的，刚开始拿起筷子，感觉非常不协调，根本就没有手抓简单，但是等到我们把筷子使用得非常熟练，会发现使用筷子比手抓的优点多多了。刚开始通过图像记忆感觉非常复杂，经过训练之后就会变得非常迅速。对于数字编码我们有更加优化的方法，比这首歌谣当中提到的数字编码使用起来更加方便。

阿拉伯数字只有0到9十个数字，我们如果进行单一的编码，编码很简单，但用它们记忆无序数字感觉并不是特别容易。我们可以用一个方法，将所要记忆的图像节省一半。我们将0到9十个阿拉伯数字两两组合，例如00，01，02，03……按照这样的方式，我们可以得到100个数字组合。接下来我们按照同样的方式，把100个数字组合都给它定义一个图像。我们在转化单个数字时，都用到了象形的方式，1长得就像一支铅笔，2长得就像一只鸭子，在双数字的组合中，我们同样可以用这个方式进行图像化，比如11像筷子，10像一个棒球棍和一个棒球，66像两只蝌蚪，00像望远镜等。我们发现单纯只是用象形法的方式，在双数字组合当中已经变得有点困难，所以我们又衍生出另外两种方法：谐音法、指代法。

谐音法，就是通过数字的读音在我们汉语当中找到近似的名词，比如：02读起来像铃儿，可以想象成一个铃铛，15读起来像鹦鹉，69读起来像漏斗，88读起来像爸爸，93读起来像旧伞等。谐音法是在我们的编码当中，用得最多、最普遍的一种方法，因为我们的每一个汉字都是单音节发音，在这样的条件下，使用谐音法就非常方便，这也是我们汉语的一个优势。对国外的选手来说，就很难使用谐音法来进行数字编码。数字的前期编码，我们要尽可能地看到编码最快地反应出是哪一个数字组合，或者看到一个数字组合能最快地反应到是对应的哪一个图像，做到看到数字即是图像，看到图像即想到数字。所以，我们还有第三种比较容易的编码方法：指代法。

例如：51我们很容易想到5月1日劳动节，所以我们可以把51定义为劳动工人的安全帽；23对于喜欢打篮球的男生来说，很容易想到23号球员乔丹，所以我们可以把23定义为乔丹或者篮球。（全面的双数字编码可见本书数字编码表。）

本书给出的是教学当中常用的一套数字编码，当然大家可以根据自己的理解和知识构成创建属于自己的数字编码。在创建编码的时候要注意以下几点。

1.编码必须有图像。我们所有的记忆方法都是以图像为基础，编码如果没有图像，或者图像不够具体，对我们以后的数字记忆准确度和速度都会有很大影响。

2.编码越具体、越立体、越清晰越好。比如我们的17谐音转化成仪器，而仪器有很多，我们想到一个具体的图像显微镜来代替，这就达到了具体。立体是为了让大家有一种真实的感受，如果你能感受到一个物体它有高宽长短，甚至有触感、有重量，就会让人感觉非常真实，越真实就越容易记忆。清晰度在我们记忆时至关重要，如果你的图像是模糊的，那就很有可能因为记忆不清晰而导致记忆失败。

3.图像不要太大或者太小。我们后面还会讲到很多定位方法，如果图像太大或者太小，都会影响定位的元素，太小的物体我们看不清楚，而太大的物体我们看不全面，这都会影响我们记忆的清晰度。

4.图像不能相同，也不要太像。编码之间太像，在我们后期经过训练达到非常快速时，由于编码之间差距太小，可能会出现混淆。

5.编码要有利于发生动作。这是我们后期讲到方法时才能用到的，就是说编码的物体如果攻击另外一个物体，能发出一个动作，比如榴莲可以扎到什么东西，牛可以踩到什么东西，鳄鱼可以咬到什么东西。但如果是一张纸，纸就很难发出动作，不是说不可用，而是尽量使用容易发出动作的图像物体。

6.因为每个人的知识构成不一样，适合自己的编码就是最好的编码。

如果你能按照以上六个原则进行数字的编码转换，那么你的这一套编码基本是非常好用的编码。

第五节 中文编码

数字只有0到9十个，两两组合也只不过100个，但是对于中文来讲，中文的变化量非常大。所以,我们在中文当中姑且不称之为编码，除了一些特定的需要编码之外，大部分词语我们在记忆的过程中直接生成图像就可以。

中文的词语有两种类型：抽象词汇和形象词汇。形象词也就是名词，都是我们能想得到画面和图像的词语，比如电脑、大树、火山、铅笔、火龙果等，对于形象词我们不需要方法转化，因为它们本身就是图像。我们这里重点讲解抽象词的形象转化。

抽象词的形象转化有六种方法。

谐音法

这是最基本也是使用最多的一种方法，我们使用谐音法转化的词语，跟我们需要记的词语读音尽量相同，如果读音相差太远，对我们回忆时的准确度会有一定的影响，比如“轻松”谐音“青松”“青葱”。要注意的是，我们在记忆的过程中记忆的是“青松”的图像，而通过理解我们知道是“轻松”这个词语。所以有些情况下记忆是记忆，理解是理解，二者在对信息的学习中，既要结合，又要区分。

颠倒法（倒序法）

顾名思义就是将词语的字倒过来读，词语正着读是抽象的，但倒着读就有可能成为形象。比如：“马上”没有图像，但是倒过来“上马”就有图像了。颠倒法通常会跟谐音法结合来用，比如：“巩固”颠倒是“固巩”，再谐音一下“故宫”，就有了具体的图像。

望文生义

对于信息的理解，望文生义会让我们犯很大的错误，而在记忆里，望文生义是非常好用的一种转化方法。比如抽象，这个词语本身就很抽象，抽可以想到抽打，象可以想到大象，两个字结合起来，我们可以把抽象理解为抽打大象，这样就有了画面。

增减字法

很显然，就是加上一个字或减去一个字（或多个字）。“信用”加上一个字，我们可以想到“信用卡”“信用社”，减去一个字我们可以想到“信”。

指代法

跟数字的指代法一样，通过关联能想到图像即可。比如“经济”我们可以联想到“金钱”，“贫穷”我们可以联想到“乞丐”。

象形法

象形法通常针对单个的汉字，从婴幼儿认识汉字的开始，象形法就是最好用的一种方法。对于我们成年人学习中遇到的抽象字，比如“其”，我们感觉它长得像个梯子，“乙”形状很像一条蛇。

六种方法，每一种方法都有它的转化优势，学习当中，我们可以灵活使用，有时可能会用到两种甚至两种以上方法结合的方式，只要能够辅助我们的记忆效率，都是有效的结合方式。

第六节　字母编码

只要是进行编码，我们都尽量地把它们转化成图像，但是在英文当中有一个不太一样的地方，在记单词时，我们需要灵活使用方法。因此，对于字母的编码我们也需要灵活转化，有时字母的编码不一定非得是图像，这要看它在一个单词当中的记忆需求。并且英文的编码可以有多个。 英文的字母编码主要有以下几种。

1.象形法。不作过多解释，直接举例：s 蛇 、h 椅子、l 数字1。

2.单词首字母法。比如a（apple） 苹果，b（banana） 香蕉。

3.谐音法。比如 p 屁。

4.拼音法。比如 e 鹅，f 斧。

我们为了简化记忆数字，将10个阿拉伯数字两两组合，那么对于字母来讲，是不是也需要进行两两组合呢？我们发现有一些字母组合是很少会遇到的，在这里我们只需要整理一些常见的字母组合就可以了，并且不一定是两个字母，也有可能是三个、四个，甚至更多。详细编码见本书附录的双字母编码表。

第七节　图形、符号编码

图形的编码主要是我们平时可能会遇到的一些不规则的图形、物品。同样根据记忆的需求不同，一些或许你是要记住它的样子，一些或许是要记住它们的顺序。在图形的编码中，我们需要编码的方式，主要是通过图形的属性来编码。

1.形状。根据形状可以联想到轮廓相似的动物、植物、物品等。

2.颜色。根据颜色可以编码颜色相应的物体。如红色=心，白色=矿泉水，黑色=煤块。

3.花纹。有相同花纹的事物。网状=渔网，横条=斑马线。

4.大小。最大或者最小可转化成对应的大事物和小事物。

我们在记忆一些特殊信息或者在竞技比赛时会遇到图形、符号，比如机动车驾驶证考试中的交通标志识记，大部分交通标志会尽可能让你容易理解，因为交通标志的目的是为了让你快速判断当下行驶规则，而不是智力游戏让你去猜一个难以理解的符号。不过确实还有一些符号很难跟它所表示的内容联系，这时联想编码就更容易记忆符号与含义之间的联系。

第二章
生活中的随机案例

第一节 学渣的聊天笔记

一直以来我都是一个学习比较普通的人，成绩在中游偏上一点，但是在九年义务教育的道路上，我又是一个比较幸运的人。平时若以成绩论英雄，那我承认我是一个很怂的人，但是可能上天比较眷顾我，往往在比较重要的考试中，我会考出一个让我爸妈比较满意的成绩。所以小升初考试我以全班第一、全班第一、全班第一的成绩（生平第一次也是唯一一次考第一名，原谅我要多说几遍，因为这句话听起来感觉太棒了）考到了我们县城最好的初中。更让我感到不可思议的是，我竟然以0.5分的优势被选进了尖子班，这件事情让我吹牛一直吹到了高中。要知道我平时的成绩并没有那么好，进入尖子班之后原形毕露，全班62个人，在后来的每次考试当中基本是排在我们班级倒数第14名，成绩非常稳定。其中有一次考试考了我们班级倒数第三，现在的学校一般不会再让学生们按照成绩排名，但在我上学的时候，我们不仅要排名，还要把名次列表打印贴在墙上，让每一个人都可以看到，并且这一次班主任拿出了半节课的时间，按照名次把每一个人的名字读了一遍。当读到我的名字的时候，我那个200斤的同桌扑哧一声笑了，我觉得自己的自尊心受到了有史以来最严重的打击，要不是哥的脸皮厚，那会儿真就从五楼跳下去了。

之所以成绩这么差，除了我这个人比较懒之外，有几位老师说的同一句话给了我很大的误导：同学们，考试的时候你不用照抄课本，你要学会用自己的话把答案说出来。相信很多朋友都有这样的经历，老师的意思很简单，理解了我们所学的内容，不需要把课本上的原文背得滚瓜烂熟，只需要按照每一个知识点把大概的意思说出来就可以。但是由于我的理解能力并没有那么好，我会错了老师的意思，我以为课本是不用学的，考试时只需要按照自己的想法，根据题目发表一下自己的意见就可以了。结果我非常实在地在地理、政治、历史等考试中，通通使用自己的见解去解答题目……

由于学习成绩如此“突出”，我每天在班级里都感觉度日如年。这一天，我跟我的一个朋友东子在教室外的台阶旁倚着栏杆闲聊天。东子学习比我好，换句话说他比倒数第三学习好，平时比较喜欢看书，于是就聊到了书里的一个话题。东子说：“亮，你知道唐朝建立于哪一年吗？这个问题可是我们刚刚学过的。”我回忆了一下，发现这个时间有点模糊，没有准确地回忆起来。他接着说：“我在一本书上看到这样一种顺口溜方法，他们把事件和对应的时间进行顺口溜一样的转化之后联系在一起。李渊建立唐朝是公元618年，简称，李渊建唐618，读一下，像不像‘李渊见糖留一把’。”我当时一听，还真是那么回事。李渊见到一堆糖自己留了一把，脑袋里出现了一个搞笑的画面，“618”谐音不就是“留一把”吗？当时觉得这种方法又好玩记得又牢固。“不止这一个。当年清军入关，烧杀抢掠，死了很多人，我们可以想像清军入关一溜死尸，而清军入关的那一年正好是1644年，1644=一溜死尸。哈哈哈哈哈！”东子一边说一边笑得不行了。这件事情让我很有兴趣，我第一次发现学习可以这样学，而且第一次发现有人学习学到哈哈大笑。

接着他又给我举了两个案例：“在我们物理当中，有一个公式W=UIt，我们读起来很像‘大不了又挨踢’，物理没学好呀，大不了又挨踢吧。化学里面也有一个这样的题目，说有一种东西氩加上稀硫酸就可以生成氢气，可以变成一个顺口溜：氩加稀硫酸氢气往上蹿。哈哈哈，我觉得他们编得太好玩了。”物理和化学当时我还没有学到，但是当他把这两句顺口溜说完之后，我发现我也完完整整地记了下来。顿时我对这个方法产生了浓厚的兴趣，我问他这个方法这么好玩，是从哪里看到的，他告诉我是从一本杂志上看到的，并且把这本杂志推荐给了我。

我拿到这本杂志先大体浏览了一下，发现上面确实有很多方法介绍。当时心里就想这么好玩的东西，别人会我也一定要会，于是就拿起来细细地研究。因为时间过得太久了，我已经忘记了当时的大部分理论性内容，让我印象比较深刻的是圆周率的转化背诵和顺口溜背诵知识点的内容。

因为我平时也喜欢一些新奇的东西，所以对于无限不循环的圆周率，我当初利用死记硬背的方式已经记住了小数点后56位，但是我看到杂志上所讲的方法，发现确实好简单。

首先杂志中引入了一个小故事，一群孩子跟着一个老师学习，但是有一部分孩子比较调皮，经常逃课，这位老师为了教训一下这几个比较调皮的孩子，于是当着所有学生的面说："今天给大家一个任务，放学之前背诵圆周率小数点后50位，通过的就可以回家，通不过的留在这里继续背。"安排好任务，这位老师就去山中跟一位朋友喝酒去了。几个调皮的学生当然不愿意坐在那里背诵这些无聊的东西，于是又偷偷地溜出去游山玩水，正好碰到了在山中跟朋友饮酒的老师。这位老师心想：完成不了任务，看我怎么收拾你们。临近放学的时间，老师回到学舍，开始一一检查圆周率的背诵情况。令这位老师感到不可思议的是，坐在教室里老老实实背诵的学生背得不是很熟练，而出去游山玩水的这些学生回来之后反倒背得一个不差。老师感到很纳闷，问这群学生："你们是怎么做到的？"其中一个学生很自信地跟老师解释，他们看到老师在山中跟朋友饮酒，于是根据老师喝酒划拳的场景，编了一句顺口溜：山巅一寺一壶酒儿流，正好谐音很像3.1415926。后面的数字535很像"苦煞吾"，897"把酒吃"，932"酒杀尔"，384"杀不死"，6264"遛尔遛死"，338"扇扇刮"，3279"扇儿吃酒"……这位学生一边背诵一遍手舞足蹈，老师听得目瞪口呆。

看完这个故事，这种顺口溜法让我觉得很新颖，数字竟然可以这样记忆，好玩又实用。书上只列举了50位的转化方法，如果后面还有，我就会继续往下背诵了，因为我当时并不会自己去转化记忆，所以也只是对这个方法暂时产生兴趣，后来就忘了。所以，古人说：师者，传道、授业、解惑。单靠自己的摸索和领悟，进步是非常慢的，人生当中必须遇到几个可以给自己带来巨大改变的老师。

后面又讲到一个方法，把要记忆的信息编成古诗，平仄押韵，这样信息即使不像圆周率的联想一样有画面感，但也降低了记忆的难度。不得不承认，古诗在所有的中文信息当中，还是比较容易记忆的信息。即使有的人觉得古诗那么多，费了好大的劲儿才背完了小学生必背的100首，但是我们回想一下相对于其他的信息来讲，一首古诗，我们只要认真去读，摇头晃脑读几遍就差不多能记下来。如果把我们要记的课本上的其他信息，编成像古诗一样平仄押韵，那么这些信息也会变得比较好记。

这一次我终于开窍了，于是按照他讲的方法，我把我们刚刚学过的历史当中的历史纪年表编成了押韵的句子："1839虎门滩，到了40鸦片烟，41英占香港岛，结果42定京南……"这四句诗表示的是1839年虎门销烟，1840年鸦片战争，1841年英国占领香港岛，1842年《南京条约》签订。利用这个方式，我发现我编完之后立马就记了下来，尝到甜头的我于是继续往下编写，我记得当时编了100多个重要的历史事件。我后来并没有把所有的历史事件全部记下来，由于一开始编写得比较新颖，所以前面记忆得非常熟练，到现在都朗朗上口，不能忘记。这样的方法非常适合一个完全没有任何记忆基础的人，把我们要记的信息转化成顺口溜，这是每一个人都有的能力。我上小学六年级时就已经开始为每一个同学"写诗"，只不过当时写的东西都是为了取笑捉弄同学，但是已经开始懂得押韵。如果你也愿意用这个方式对要记忆的信息进行编写转化，经过几次练习之后，你一定可以编写出非常顺口的记忆内容。

第二节　同桌的你给我的模糊指导

初中时我们班里的男女比例几乎是1：1，我们的班主任是一个比较自信的人，他曾经在家长会上这样跟家长说：“在我的班里，我就让一个男生和一个女生同桌，我也不打他们，也不骂他们，但是他们就听我的话，也不谈恋爱。”当然对于我们所有的同学来讲，并不知道他是哪里来的自信，在他英明神武的指导下，班里确实没有谈恋爱的，因为凡是谈恋爱的都不让他知道。在这样的政策下，我也有了一个女同桌，不过我是后来才知道她是女的。

当你觉得世界很小的时候，它就确实很小，简单聊了一下，才发现原来我这女同桌的老家就是我们村，按照辈分她还得叫我姑奶奶，哦，不对，是我还得叫她姑奶奶。经过一次位置调整，我们两个坐在教室右边靠墙位置，在倒数第三排，她坐里面，我坐外面（大家不要误以为我在回忆美好过去，我只是记得比较清楚而已）。

又是一节历史课，历史老师也是一个做事风风火火、雷厉风行的人，动不动就会把脚抬到讲桌上，给大家讲解一下他的皮鞋的历史。这一节课讲到了战国七雄，对于我这种对历史极为不感兴趣的学生来讲，单单记住这7个国家的名字就已经是登天的难事，结果老师让我们记住这7个国家在地图上的相对位置，我觉得这是一件不可能的事情，也压根就不想记。但是我这个女同桌突然一拍长满卷发的脑门儿：“唉？这个问题之前有人教过我，只要我们把这7个国家连起来画成一个图形，记住这个图形，你就能记住它们的位置。”她刚说完时我并没有理解，于是她拿起笔开始尝试着把7个国家连成一个图形。最终，她画出了一个比较凌乱的、没有任何章法的图形，我看了一眼，就确定她这个方法是不靠谱的，因为她的这个图形太抽象了，我连这个图形都记不下来，如何记住这7个国家的相对位置？然后她看了一下自己的图形，好像觉得也确实并不是那么回事，嘴里嘀咕了几句："大概这个样子就可以，但是具体怎么做我忘了，我回头再给你想想。"我知道这一回头，她就不会再回来了。

这件事情在我以后的记忆里并没有留下多少印象，在我大学一年级系统地学习了快速记忆之后，我回忆起这件事情，发现她当时跟我讲的记忆方法，其实非常非常好用，只不过由于她自己并没有熟练地使用这个方法，所以自己不明白，也没有给我讲明白。方法其实很简单，我们一起来看一下：第一步，我们把这7个国家连在一起，然后把这一条弯弯曲曲的线条记住。这个线条一定要画得尽可能地容易记忆，不要互相穿插，扰乱自己的记忆思路。第二步，我们需要记住战国七雄7个国家的名字，并且要按照这条线连接7个国家的顺序去记忆。记住了线条的形状，又记住了每一个点上对应的国家的名字，如果在考试当中遇到考题考察某一个国家的地理位置，我们就可以想到这样一个线条图形，并且根据记忆的国家的顺序，依次对应在线条上的每一个点上，这样每一个国家的相对位置就记了下来，具体如下图：

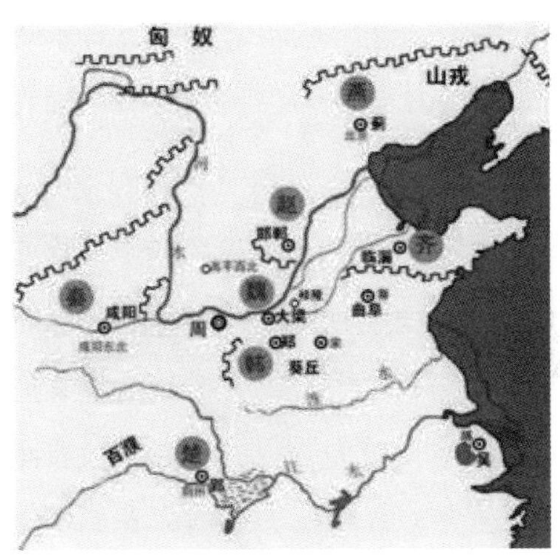

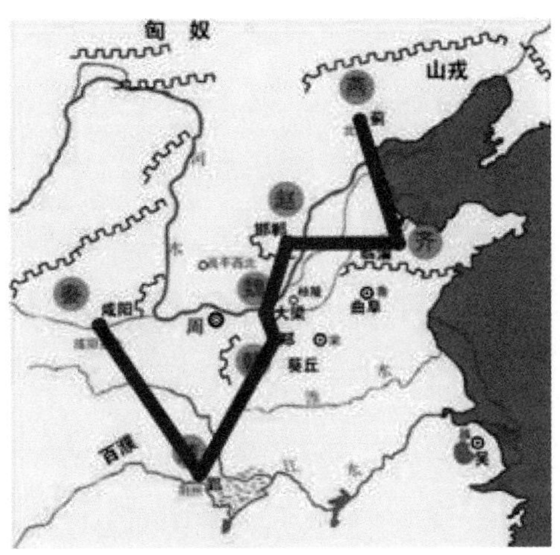

根据图片上7个国家位置的连接，我们发现这一条线很像一个开口朝左上方的"W"。记下这一条简单的连接线是很简单的，下一步我们就可以根据线上的顺序把对应的国家串在一起，这样根据这一条类似"W"的线，就可以记住每个

国家之间的相对位置。

我非常感谢我这个同桌教我的方法，虽然当时我没有学会，但我最终知道她的方法在理论上和实践上都是非常可行的。人生路上会遇到形形色色的人，有些人并不是非要像自己的爸妈一样对自己好我们才要去感激他，或许对一些我们曾经没有刻意去关注的琐碎事情记忆深刻，在你回忆起的时候你会非常感激那一刻，哪怕当时对方都没有意识到这一瞬间会让你记忆很久很久。

第三节　解剖分析考试所向披靡

有一套系统的记忆方法，你的记忆力肯定差不了，或者说对某些信息的记忆能力差不了。但是你会发现，身边比我们想象中厉害的人太多了，学霸遍地都是，有些学霸也没学过什么记忆方法，但是几乎能做到凡是需要记忆的内容，不管怎么提问他都能答出来。你会很疑惑，坐在同一个教室里学习的人，为什么他就可以做到这般程度。每个学霸肯定都有自己的独特学习方式，只是你不知道而已，哪怕是学霸也使用的是所谓的死记硬背。

我生命中有一个很重要的人，她在初中时从来不学习，天天趴在桌子上睡觉，头都睡扁了，初中数学一点都不懂，就因为中考通过艺术考试考进了高中，于是“对灯发誓”（这是一个真实的环节，后来我还去看过那盏路灯），决心高中努力三年。在高二、高三的两年中，她每天睡4个小时，没有方法，就靠死记硬背，政治、历史课本倒背如流，硬生生把书本上的内容印到脑海里。数学不会就刷题，从头自学，学完高一的内容，初中的内容不攻自破，高考数学满分。这是我见过的逆袭程度最大的人，这样的人即使没有记忆方法你也拿她没办法，就是靠纯努力。

还有一些人，学习并不见得那么肯耗时间，但好像拥有一套考试技巧，逢考必过。不管你是作为一个学生通过跟同学们的比较，还是作为一个老师在教学当中的观察和经历，每个人天生的注意力都是有差别的，甚至有的差别很大。只要注意力不好的学生，一般情况下他的学习能力和考试成绩就会很一般，而对于听课注意力比较集中的学生，哪怕课下他也是跟着其他人一起大喊大叫、打打闹闹，一到上课，立马把所有的注意力转移到老师讲的内容上去，他的成绩是不会差的。很多同学可能跟当初的我一样，在课堂上一旦一个内容听着没兴趣或者是听不懂，没有跟上进度，就不想听了，于是开始胡思乱想，把自己想象成蜘蛛侠、蝙蝠侠、郭靖郭大侠，寻求现实中不能得到的刺激。课上不听，课下复习不会，考试自然也就不好。但我发现我下课去玩，我一个朋友下课也去玩，而考试我考得很差，他考得很好，我就问他："为什么你每次下课了也不复习，但是考试一直那么好呢？"他回答："不知道。"我又问："那你上课会走神么？"他很干脆地回答我："我上课从来不走神。"当时我非常确定，这一定是他每次考试全班前五的原因。

大学的一个好哥们儿，平时说话感觉智商也没那么高，但每次考试都是第一、第二名。他上课听课包括期末复习就非常认真，那怎样才算认真呢？我利用记忆方法复习的时候速度非常快，注意力非常集中，一直盯着我转换的图画，往我脑海里不断地强化。我这位朋友的速度没我快，但是他复习得非常细致，几乎不会放过课本上的任何一个知识点，所以他复习一本书需要两天的时间。有一次他在看我用绘图记忆法复习《生理解剖学》，站在我旁边看了一会儿，然后跟我聊了起来：

"亮，看了你画的图，我发现我也能记住，确实挺好用，但对我来讲有些麻烦。我虽然不会画，也没有你的记忆方法，但是我有一点跟你一样，也是要把复习内容所讲述的画面在脑海里清晰地呈现一遍。你所记住的是你转化的图画，而我记住的是我理解的图画。比如我们课本里面有一个病症，由于不当动作劳损造成的屈指腱鞘炎。对于这种病症知识的学习无非有两点，第一点了解产生这种病理现象的原因，第二点了解如何缓解和治疗此病（首先分析题目所要记忆的点）。当我知道这种病是由于不当动作，反复重复导致肌腱磨损，于是我就抬起我自己的手，做这个动作，并且在脑海里重复这个名词，康复的方式就是限制关节的一些活动，所以我也会想象我的手指用小木棒和绷带包扎起来是什么样子。记忆一遍，复习一遍，基本上脑海里的印象就比较清楚，考试时只要看到屈指腱鞘炎这几个字，我就能想到我手指的样子，从而把病理原因和康复方法回忆出来。”

他讲解完之后，我有了更深刻的体会，我们的记忆方法都是以图像为基础，图像是我们所有记忆方法的核心元素，只要记清楚图像，内容就可以记得比较清楚和完整。不管这些图像是你联想转化的图像还是通过理解想到的画面，对我们的记忆都会起到非常大的辅助作用。不过，他接着尴尬地笑着跟我说了一个考试遇到的问题：

“但是这道题目我在之前的一次测试当中答错了，你别惊讶，也别笑我，告诉你是什么原因。你还记不记得试卷上面这个问题是怎么问的？它并不是给出了‘屈指腱鞘炎’这几个字，让我回答对应的病理原因和康复方式，而是给出了病理原因和康复方式，问对应的是哪一种病理现象。结果我在反向回忆的时候，由于各种炎症记得太多混淆了，我没能完整地回忆起‘屈指腱鞘炎’这个名词。”

他的遭遇给了我另外一个启示：我们在学习某个学科当中会遇到很多问题，而这些问题同属于一个学科，所以说类似性比较大，有一些题目单纯通过理解，如果功夫不到，是容易混淆的。而我们通过记忆方法转化的图像，虽然与理解的内容相差很大，但是图像的转化具有很强的唯一性，所以记住了图像，转化回来的信息也便是唯一的。而且这些图画不会误导我们的理解，因为在我们的方法中记忆是记忆，理解是理解。

第三章
数字类信息的记忆

第一节 基本的随机数字

我们所要记忆的信息之中，如果仅仅只有数字，那这样的数字信息是最简单的，有两种方式供我们使用。

第一种是需要我们有一点想象转化能力的**谐音转化法**，跟圆周率的“山巅一寺一壶酒……”同一个方式。谐音转化法是把数字按照读音、音调大概地转化成我们能理解的中文句子，此方法有两个要求：

1.转化的句子读起来应该基本和数字的顺序读音一样，不可以相差太远。

2.所转化的句子自己能理解，不能理解的句子跟原本的单纯记忆数字的效果没什么两样。

手机号是最基本的数字信息，不仅一些重要的人的手机号我们需要记忆，而且我们现在已经普及的无线密码很多也都是手机号码，能快速回忆起一个人的手机号和为别人快速报出当下的无线密码肯定是非常方便和让人感到自信的事（掌握无线密码就掌握了“整个天下”）。虽然处于网络信息时代的我们可以用手机记录信息或者通过网络搜索几乎所有我们想知道的信息，但毕竟还有一些东西是人工智能代替不了的。

例：

18353××7429

谐音：要把伞忽扇××气死二舅。

我们汉字的读音如此之多，任何数字组合我们都可以转化成一句话，这就要看我们的想象力够不够丰富。此种方法快速记忆几十个数字还是绰绰有余的，只要有足够的时间联想和复习，正常情况内，我们可以记忆无限数字。但是由于这种方法转化过程中会因为思考浪费我们的时间，并且理解记忆一句没有那么通顺的话也会浪费我们大量的时间，所以数字越多，这种方法的弊端也就越明显。

第二种方法更加简单，就是直接把数字转化成我们已经熟知的数字编码，然后用我们小学学习的“造句”把编码串起来，也就是我们所谓的**串联故事法**，记住了图像的顺序也就记住了数字的顺序。此种方法的优势就是你不需要理解，只需机械地按照“图像—联结—强化”的记忆流程去做即可。

例：

183537429××

编码：83 芭扇，53 乌纱帽，74 骑士，29 阿胶……

记忆联想：芭蕉扇扇飞了乌纱帽，乌纱帽扣到了骑士，骑士在吃阿胶……

所有的手机号第一位都是“1”，第一位不用记，后面10位正好转化成5个数字编码，5个图像串在一起，只要数字编码足够熟悉，故事编得足够快，记忆几乎没有任何难度。

串联故事法记忆随机数字

串联故事法，顾名思义，把我们要记忆的信息通过一定方式串在一起，联系起来编成一个故事，记住这个故事也就记住了要记忆的内容。接下来我们来看一个故事，这个故事环环相扣，读者阅读时一定要注意，在阅读故事的同时大脑里一定要想到画面。

你手里拿了一把钥匙，用这把钥匙敲打了一只鹦鹉。于是鹦鹉的头上起了一个球儿。球儿滚下来撞到了尿壶。尿壶里的尿撒到了一只山虎身上，山虎很生气，吃了很多芭蕉，吃完芭蕉一打嗝吐出个气球。气球下面挂了个扇儿，扇儿掉下来砸到了一个妇女，妇女抓起一把饲料喂给了二牛，二牛吃饱很有力气爬上一座石山，发现石山上又站了一个妇女。这个妇女手里托了个扇儿，扇儿吹出一个很大的气球，气球里面住了一个武林恶霸，武林恶霸正在追赶一辆巴士，巴士上有很多药酒，药酒撒下来撒到了镰刀和锤子上面。

如果你确实是按照一边阅读一边联想画面的方式，那我相信你读完之后基本能把这个故事复述出来。故事所描述的画面是这样的：

按照顺序我们记住了所有关键名词：

钥匙 鹦鹉 球儿 尿壶 山虎 芭蕉 气球 扇儿 妇女 饲料 二牛 石山 妇女 扇儿 气球 武林恶霸 巴士 药酒 镰刀锤子

而这些关键名词都是我们的数字编码，根据数字编码表我们得到：

钥匙	鹦鹉	球儿	尿壶	山虎	芭蕉	气球	扇儿	妇女	饲料
14	15	92	65	35	89	79	32	38	46
二牛	石山	妇女	扇儿	气球	武林	恶霸	巴士	药酒	镰刀锤子
26	43	38	32	79	50	28	84	19	71

连起来看，3.1415 9265 3589 7932 3846 2643 3832 7950 2884 1971……这就是我们前面讲到的无限不循环小数**圆周率π**。

人物定位法记忆随机数字

人物定位：定位，即确定位置。把所需记忆的信息转化成图像，然后将这些图像与一个有序的人物系统连接在一起。如果我们要记住大量的随机数字，就要确定每一个数字所在的位置，而这个位置我们可以通过一套有顺序的人物来帮助确定。有顺序的一组人物，例如爷爷，奶奶，爸爸，妈妈，我。这5个人物的顺序，我们不会搞错，那接下来我们让每个人来帮助我们记忆4个数字。

1.爷爷：6939 漏斗 感冒灵

联想：爷爷感冒了，用漏斗喝感冒灵。

2.奶奶：9375 旧伞 起舞

联想：奶奶拿了一把旧伞，在广场上翩翩起舞。

3.爸爸：1058 棒球 尾巴

联想：爸爸拿着棒球打到了松鼠的尾巴。

4.妈妈：2097 香烟 紫荆花

联想：妈妈用香烟烧着了紫荆花。

5.我：4944 天安门 蛇

联想：我来到天安门抓住了一条蛇。

我们通过联想，在大脑当中清晰地呈现了5个人物身上发生的事情，根据他们对应的故事，把数字编码翻译成数字按照顺序回忆出来即可。

以上数字：6939 9375 1058 2097 4944

人物定位中所需要的人物应符合两个原则：一是有顺序；二是每个人物特征明显，能清晰区分。可以根据我们的生活常识，找到大量有顺序的人物，比如：家庭当中，从长辈到小辈；工作当中，从领导到员工；学校当中，班级里同学的座次，各任课老师；电视剧当中，从主角到配角，等等。但要注意的是，有些人很容易想到梁山好汉108将，108个人物，可以让我们记忆很多很多信息，但我们未必能把108个人物完全区分开，如果只是一个名字，它就属于抽象信息，在我们的脑海里并不是一个具体的人物图像，所以，对于只是了解但不熟悉的人物不建议使用。

地点定位法记忆随机数字

地点定位法与人物定位法异曲同工，只需要把有顺序的人物换成有顺序的地点即可，其他步骤一模一样。什么叫地点？在我们生活当中常见的、极其熟悉的环境场景中的物品、位置。地点定位法源自记忆宫殿，创建记忆宫殿，最简单的方式就是在我们生活的环境中寻找熟悉的地点，比如房屋里家具的摆放顺序，或者街道当中各种设施的顺序。我们先通过一张图片来理解：

图片为一间装修精美的房间，在房间里，我们按照一个大概的顺时针顺序，找出了10个家具，称之为10个地点。作为图片，我们只需要看几眼就可以把图

片上各个家具的位置一个不错地记下来。那接下来我们就用这10个地点帮助我们记忆40个数字。

1.笼子：5923 五角星 篮球

联想：五角星扎破了笼子里的篮球。

2.桌子：0781 锄头 白蚁

联想：锄头挖桌子挖出来很多白蚁。

3.电视：6406 柳丝 手枪

联想：电视上长出柳丝缠住了手枪。

4.壁画：2862 恶霸 炉儿

联想：恶霸用炉儿烧坏了壁画。

5.门：0899 溜冰鞋 舅舅

联想：门上掉下一双溜冰鞋砸中了舅舅。

6.吊灯：8628 八路 恶霸

联想：吊灯上跳下个八路抓住了恶霸。

7.窗帘：0348 凳子 石板

联想：窗帘上的凳子掉下来砸碎了石板。

8.床：2534 二胡 绅士

联想：床上的二胡掉下来砸到了绅士。

9.台灯：2117 鳄鱼 仪器

联想：台灯上趴了只鳄鱼咬坏了仪器。

10.地板：0679 手枪 气球

联想：地板上的手枪打爆了气球。

我们通过联想，在大脑当中清晰地呈现10个地点上发生的事情，根据它们对应的故事，把数字编码翻译成数字按照顺序回忆出来即可。

以上数字：5923 0781 6406 2862 0899 8628 0348 2534 2117 0679

通过世界脑力锦标赛的多年实践，地点定位法是目前竞技比赛中记忆速度最快、记忆量最大的定位方法。尤其是在数字、扑克牌等竞技项目的比赛中，显示出了更强的优势。通过科学的训练，地点定位法能达到的记忆速度极限非常惊人，但同时我们对地点质量的要求非常高。

地点的原则

1.必须有顺序。

2.越立体越好，与编码图像有一个固定结合点。例如我们把一张椅子作为一个地点，把两个图像放在椅子上，尽量放在椅背和椅面夹角的位置，会让我们在心里有一种很牢固的感觉，回忆时更容易通过这种感觉回忆出图像。

3.不能太大或太小。太大导致与编码的结合点不清晰，太小无法在脑海里形成清晰的印象。

4.不能挨得太近。挨得太近会导致地点上的图像拥挤在一起，混淆记忆结果。

5.不要在太暗的环境当中找地点。现实中的情景，当我们闭上眼睛去回忆的时候，就已经变暗了，如果你在本身就比较暗的地方寻找地点，当你闭上眼睛回忆的时候，它会更暗。

6.同一个区域的地点，尽量有起伏性，且连续的不同地点尽量通过不同的方向和角度去观察。比如我们在一个房间里找到了鞋柜、箱子、椅子、沙发几个地点，但是这4个地点处于同一水平面，当我们站在它们前面去观察4个地点，会因为它们拥有同样的背景，不能快速区分它们的顺序和模样。

7.对于单个地点，固定角度观察。在我们的想象当中，每次遇到某个地点，都站在一个固定的位置（离地点三四米的距离）、一个固定的角度（平视稍俯视）观察地点，这样的地点固定、唯一。

按照以上原则寻找的地点，会让我们在记忆信息时感觉又快又准确，脑力圈里的朋友喜欢管这样的地点叫作“黄金地点”。寻找地点的地方就是我们生活中最熟悉的地方，家、亲戚朋友家、公司、学校、公园、街道都可以。我的大部分地点都来自大学校园，任何一个大学的校园都是不一样的，都是全新的环境，所以在大学城的各个大学里可以寻找大量的地点。参加世界脑力锦标赛的选手根据世界上十大项目的需求，通常都会有1500个以上的地点，记忆大师需要2000个以上的地点，而竞赛中的高手通常会有3000多个。如此多的地点，我们通常会分组进行记忆，大部分选手喜欢每30个地点为一组，便于记忆和复习，一些马拉松式的项目当中，也有一组一两百个，甚至更多的分组方式。但是我们各组的地点，每10个做一个小标记，避免地点在快速反应中遗漏。

第二节　文科理科数据信息

我们学习中所接触的历史、地理数据或者化学、物理常数，经过整理，我们发现它们有一个共同的特点，每个数据信息只有两个关键部分，一个是内容，一个是数字。比如：地球赤道的长度是40000千米，关键部分是“赤道”和“40000”，单位千米通过常识即可理解。也就是说所有的**数据信息的记忆都可以转化成统一的模板：关键词+数字**。根据这个模板我们显而易见，只需要把关键词转化成图像，把数字转化成编码，将图像和编码配对联系在一起即可。关键词本身是图像的直接反映出图像，不是图像的抽象信息，根据前面我们所讲的抽象词转化成形象词的6种方法，转化成图像。数字有两种转化方式，第一种是直接转化成我们的数字编码，这种方式最简单；第二种方式是把数字通过谐音、指代、象形等方式，转化成跟关键词图像结合得更为恰当的图像或者理解性的内容。

地理数据

例1：

珠穆朗玛峰高8844.43米

联想：1.编码转化 8844.43=爸爸 蛇 石山 爸爸追着一条蛇跑到了山上，发现这个山是世界第一高峰珠穆朗玛峰。

2.谐音转化 8844.43=爬爬试试这石山 爬爬试试这座石山是不是世界第一高峰珠穆朗玛峰。

例2：

湄公河全长4180千米

分析：跟例1不同，珠穆朗玛峰有图像而且信息比较特殊，湄公河只是一条河，河流有千千万万，河流虽然有图像，如果你并不知道现实中湄公河的“长相”，那这个图像就不够具体，所以我们需要把不具体的湄公河转化成清晰唯一的图像。湄公谐音眉公，长眉毛的老公公就是唯一的图像，这个图像不参与理解，只提示我们想起湄公河。

联想：长眉毛的老公公（湄公）坐在石椅（41）上隔了一条河看巴黎（80）。

例3：

黄河全长5464千米

联想：武士（54）拿着柳丝（64）把黄河的水搅浑了，所以变黄了。

历史年代

我中学时期对历史学科的掌握非常一般，原因是后来的学习内容跨度比较大，历朝历代国家政策、经济文化一些抽象的内容比较多。在我还没有搞清楚出现了哪一个朝代时，已经开始学习当朝的国家政策、民俗民风了。所以任何一个环节的学习，从基础开始，先把历史发展当中的大事件记下来，再去理解事件发生的背景及影响，最后背诵知识点。我们每一册历史课本后面都会有一个大事年表，是对整本书所有事件的总结，梳理清楚有多少大事件以及它们发生的时间和顺序，会使我们对知识点的掌握起到非常关键的作用。任何一个历史年代都有两个部分——时间和事件，时间转化成数字编码，事件本身包含图像的就利用原始图像进行联想，抽象的事件用转化方法转化成图像再进行联想即可。在前面“学渣的聊天笔记”中我已经提到历史事件的记忆方法，接下来我们系统地看一下短时间记忆大量历史年代的方法。

方法一，编码转化联想法

公元25年 东汉建立

分析：25=二胡，关键词东汉属于名词中的抽象词，没有具体的画面，东汉望文生义法联想东边的汉子。

联想：东边的汉子在拉二胡。

公元1206年 成吉思汗建立蒙古政权

分析：12=椅儿，06=手枪，成吉思汗用历史课本中的插画人物形象即可。

联想：成吉思汗坐在椅儿上拿着手枪统一了蒙古。

公元1900 八国联军侵华

分析：19=药酒，00=望远镜，关键词八国谐音八哥鸟。

联想：八哥看到药酒里面有一个望远镜。（最简单的图像连接）

方法二，谐音转化联想法

公元105年 蔡伦改进造纸术

分析：105谐音转化可以想到“要领舞”“要礼物”“要领悟”，蔡伦改进造纸术有画面。

联想：1.造纸术发明成功，蔡伦高兴得要领舞（105）。2.蔡伦改进了造纸术，为国家做贡献，去问皇帝要礼物（105）。3.造纸术是科学发明，蔡伦改进造纸术要领悟（105）。

公元383年　淝水之战

分析：383谐音“三把伞”，淝水谐音“沸水”。

记忆联想：三把伞掉到了沸水里。

公元962年　神圣罗马帝国建立

分析：962谐音“揪刘海儿”，关键词罗马谐音“骡马”。

记忆联想：骡子和马在互相揪刘海儿。

按照这样的记忆方式，我们可以提前整理出大量重大历史年代信息，或者利用历史课本后面的大事年表，在提前熟悉理解的基础上，利用以上两种方法进行快速记忆。30个已经整理好联想思路的历史年代，没有练习过快速记忆的普通初中生大概需要20分钟就可以完成记忆和复习，对于正在看书学习的你来讲，相信你会更快，接下来尝试一下。

小试牛刀

公元前207年　巨鹿之战

记忆联想：公园前（公元前）面一只巨大的鹿耳立起（207）。

公元前202年　西汉建立

记忆联想：公园前（公元前）面两个玲儿（202）在吸汗（西汉）。

132年 张衡发明地动仪

联想：地动仪倚扇儿（132）。

200年 官渡之战

联想：当官的渡河花了200块钱。

208年　赤壁之战

记忆联想：赤壁上挂着两只溜冰鞋（208）。

605年　开始开通大运河

记忆联想：又领我（605）去开通大运河。

960年　北宋建立

记忆联想：在白松（北宋）上救幽灵（960）。

1405—1433年　郑和七次下西洋

记忆联想：郑和下西洋时一次领我（1405），还有一次姗姗（1433）。

1662年 郑成功收复台湾

联想：郑成功收复台湾骑了一头一流牛儿（1662）。

1785年　瓦特的改良蒸汽机投入使用

记忆联想：瓦特为了一心一意改良蒸汽机遗弃宝物（1785）。

1815年　拿破仑滑铁卢战败

记忆联想：拿破仑失败了气得他一把衣物（1815）逃走了。

1836年　英国宪章运动

记忆联想：鹰国县长喝了一包酸牛（1836）奶。

1839年　林则徐虎门销烟

联想：一包三九（1839）感冒灵喂给老虎，老虎就冒烟了。

1840年　第一次鸦片战争爆发

联想：一帮司令（1840）在吸食鸦片。

1842年　中英《南京条约》的签订

联想：一帮尸儿（1842）在南京跳跃（条约）。

1857年　印度民族大起义

联想：印度民族起义只需要一把武器（1857）。

1860年　英法联军火烧圆明园

联想：火烧圆明园烧坏了一把榴莲（1860）。

1894年　清政府被迫应战，中日甲午战争

联想：要帮救世主（1894）做家务（甲午）。

1895年　公车上书

联想：公交车挂的腰包（18）里有酒壶（95）。

1896年　第一届现代奥运会举行

记忆联想：奥运会的火炬是一把旧炉（1896）。

第三节　物理化学数据

理科信息偏重于理解，理解了一个公式也就记住了。一些难记的数据在应用题的考试中会直接给出参考，所以记忆理科数据没有太大意义，当然多记忆一些基础数据也是我们更清晰地了解这个学科的一种方式。理科信息中抽象内容不仅多，而且并不像文科中的一些词语一样容易转化成图像，所以在我们转化的过程中还要加一些理解或者一些辅助理解的图像。

空气中的声速340m/s

分析：声速不需转化，理解，340谐音“扇司令”。

联想：以声速的速度扇司令。

人体的安全电压≤36V

分析：安全电压理解，≤也是理解，36编码“三鹿奶粉”。

联想：人喝了三鹿奶粉就不怕被电了。

室内常温为23℃

分析：室内常温理解，23编码“篮球”。

联想：在室内，常温的时候适合打篮球。

绝对零度是−273.15℃

分析：绝对零度很冷，转化为“冰冻的状态”，负号理解，2还是2，73编码“花旗参”，15编码“鹦鹉”。

联想：两根冰冻的花旗参喂给了鹦鹉。

化学元素周期表

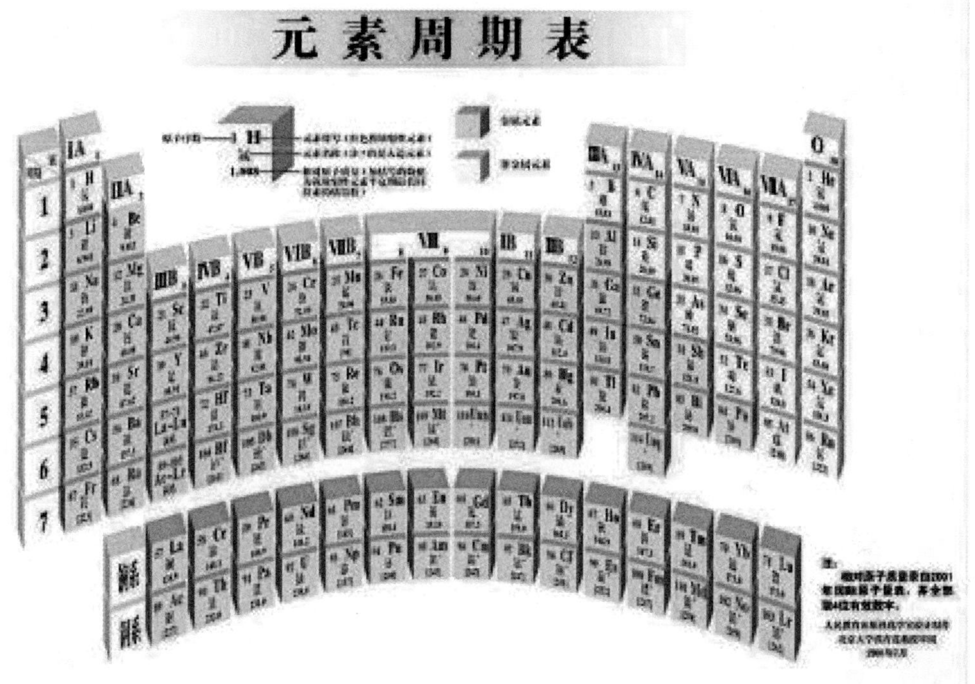

元素周期表每个元素我们通常需要记住四个部分：名称、字母符号、序号、相对原子质量。字母符号属于文字信息的记忆，后面会讲，序号和相对原子质量都是数字，所以我们只需要把元素转化成图像，跟对应的序号和相对原子质量转化的编码串联即可。例如第14号元素硅的相对原子质量约等于28，14编码“钥匙”，28编码“恶霸”，硅谐音“龟”，联想就是乌龟拿着钥匙打恶霸。图像反应清楚，记忆深刻，就可以看到任何一个元素都能通过联想确认它的质子数（序号）和相对原子质量。

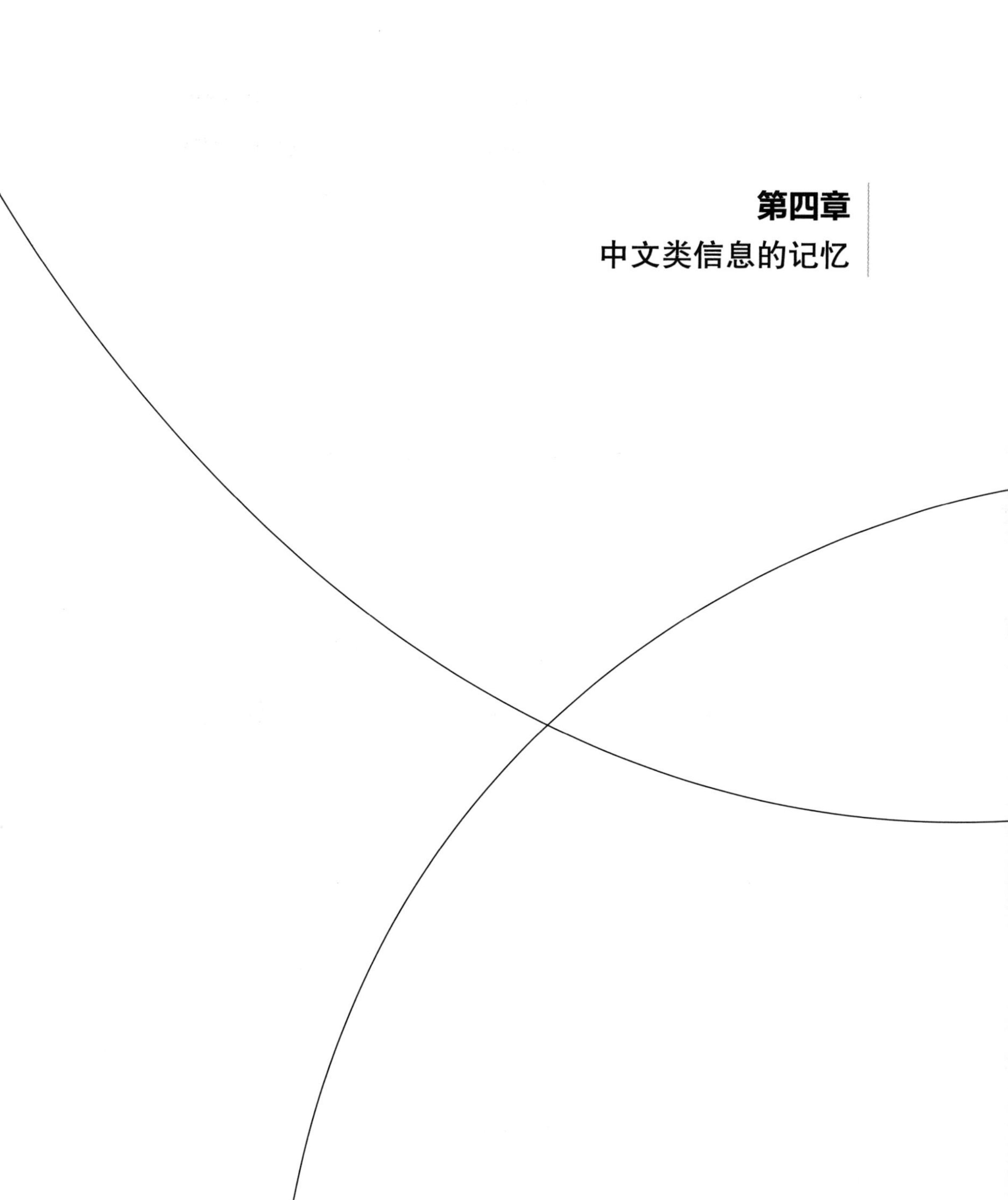

第四章

中文类信息的记忆

第一节　关键词类点对点信息

这一类信息根据数量多少以及难易程度，可以分成两个级别。最简单的是词语对词语的问题的记忆，就是在某些问题的范围内，一个词语的问题对应一个词语的答案，例如：34省市各自对应的简称，山东的简称是什么？答案是鲁。词语“山东”对应词语“鲁”。战国七雄各自对应的都城是哪里，齐国的都城是哪里？答案是临淄。词语“齐”对应词语“临淄”。再例如难度稍微高一点，其实也没高多少，就是加一点点的理解在里面的案例：最早懂得人工取火的是什么人？答案是山顶洞人。提取问题中的关键词是“人工取火”，对应的答案是“山顶洞人”，也是转化成了词语对词语的记忆模板。也就是说，我们所有的填空题，一句话的问题对应的答案只有一个词语的都可以转化成这样一个**统一的模板：**

关键词对关键词（词语对词语）

第一个关键词指问题的关键词，第二个关键词指答案的关键词。记忆量稍高的词语类信息，即一个问题对应若干个答案，而每个答案都是一个词语这一类信息。例如：我国季风区与非季风区的分界线是由哪几座山连接成的？答案是大兴安岭、阴山、贺兰山、巴颜喀拉山、冈底斯山。唐宋八大家是哪八大家？答案是韩愈、柳宗元、曾巩、苏洵、苏辙、苏轼、王安石、欧阳修。这一类信息只是数量增加，其实难度就等同于词语对词语的信息。

形象词配对训练

给出任意两个形象词，我们都能通过联想的方式给出最具有图像感的联想思路。

例如：

扫把　乌云　配对联想：扫把在打扫乌云；扫把扔向了乌云；乌云上掉下个扫把……

山羊　竹笋　配对联想：山羊吃竹笋；山羊角长得像竹笋；竹笋拌倒了山羊……

大象　气球　配对联想：大象吹气球；大象踩气球；气球上站了只大象……

这样的联想恐怕连幼儿园小班的同学都可以做得到，所以形象词联想配对是非常非常简单的。当我们遇到的词语是抽象词语，只需要加一步转化就可以了，抽象词转化成形象词的6种方法，任何一种都可以将抽象词转化成具体的图像。

例如：

犹豫　平衡　配对联想：一只鱿鱼（犹豫）在走平衡木（平衡）。

经济　巩固　配对联想：一只金鸡（经济）飞进了故宫（巩固）。

胜利　大意　配对联想：一颗生梨（胜利）送给了大姨（大意）。

既然任意的两个词语，不管是抽象词还是形象词，我们都可以将其转化成图像并且联系在一起，那在我们遇到类似填空题这样的问题时，我们都可以把问题和答案的关键词提取出来，然后转化成图像将它们联系在一起。依然提醒大家，一定要把图像反应清楚，图像的清晰度直接决定着我们记忆的准确度。

配对记忆

看过百科知识竞赛答题类节目的朋友应该有印象，节目中题目的类型都是一个问题对应一个答案，这就相当于我们平时考试中的填空题。竞赛答题或者是公务员考试中会有题库，掌握一套题库，不一定能让你100%通关，但会让你拥有更大的优势。这种类型题目的题库难度不在于难以理解，而在于量特别大，记忆少部分题目即使不用记忆方法，单纯通过理解也可以掌握，一旦记忆量变得超级大，记忆的速度和准确度就变得尤为重要。题目读完一遍就能理解，接下来只需要按照我们的模板提取关键词，将关键词转化图像配对联想即可。

模板：

问：%%%是什么？答：###。记忆联想：%%%+动词+###

例1：

问：井田制盛行于什么时期？答：西周。（井田制盛行于西周。）

分析：问题关键词“井田制”形象转化“田里有一口井”，答案关键词“西周”象形转化“稀粥”。

联想：田里有口井，井里面盛满了稀粥。

例2：

李白号青莲居士。

分析：问题关键词“李白”形象转化“白色的李子”，答案关键词“青莲”形象转化“青色的莲花”

联想：青色的莲花里结出了白色的李子。

例3：

最早掌握原始灌溉技术是在夏朝。

分析：问题关键词“原始灌溉技术”可以联想到图像，不用转化，答案关键词“夏朝”形象转化“夏天”。

联想：夏天炎热，庄稼需要灌溉。

小试牛刀

1.“三秋桂子，十里荷花”出自《望海潮》。

联想：望见海里在涨潮，海岸长桂子，海里长荷花。

2.明朝在位时间最长的皇帝是万历帝。

联想：姚明拿着一本万年历。

3.唐文宗在位期间发生了甘露之变。

联想：甘露上面躺着一只蚊子。

4.扁鹊本名叫秦越人。

联想：弹琴奏乐的人打扁了一只喜鹊。

5.白居易被人颂称“诗魔”。

联想：白巨蚁是魔。

6.《清明上河图》的作者是张择端。

联想：清明上河图长得端（长得很端正）。

7.我国少数民族人数最多的是壮族。

联想：人数壮大的少数民族。

8.杨贵妃死在了马嵬驿。

联想：马长着尾翼才能驮动杨贵妃。

9.“师夷长技以制夷”是魏源提出的。

联想：石椅上坐的人胃很圆。

10.武则天创立武举。

联想：举着武则天。

例4：

战国七雄各自对应的都城

齐　临淄　联想：林子（临淄）里面插满了旗（齐）。

楚　郢　　联想：楚楚动人的影（郢）子。

燕　蓟　　联想：燕子吃鲫（蓟）鱼。

韩　新郑　联想：韩国推出新政（新郑）策，整容免费。

赵　邯郸　联想：邯郸学步没学会因为他走错（赵）了。

魏　大梁　联想：喂（魏）你吃大高粱（大梁）。

秦　咸阳　联想：悠闲的羊（咸阳）在弹琴（秦）。

例5：

34省市简称

北京　　京

天津　　津

吉林　　吉

黑龙江　黑

内蒙古　蒙

辽宁　　辽

江苏　　苏

西藏　　藏

青海　　青

宁夏　　宁

新疆　　新

香港　　港

澳门　　澳

台湾　　台

浙江　　浙

河北　　冀　联想：鹤背上一只鸡。

山西　　晋　联想：山间小溪里有一块金子。

上海　　沪　联想：海上有住户。

安徽　　皖　联想：碗里有碗灰。

福建　　闽　联想：农民扶着一把剑。

江西　　赣　联想：在江里洗干净。

山东　　鲁　联想：一条路通向山洞。

河南　　豫　联想：河滩上有玉。

湖北　　鄂　联想：虎背着一只鳄鱼。

湖南　　湘　联想：箱子里有个暖壶。

广东　　粤　联想：发光的洞里有一弯月亮。

广西　　桂　联想：钢芯上长出一棵桂树。

海南　　琼　联想：靠近蓝海的地方很穷。

重庆　　渝　联想：鱼在澄清的水里。

四川　　川或蜀　联想：叔叔穿着丝绸。

贵州　　贵或黔　联想：钱很贵。

云南　　云或滇　联想：云彩放出道电流。

陕西　　陕或秦　联想：亲完赶紧闪。

甘肃　　甘或陇　联想：龙缠绕在树干上。

串联故事法

两个关键词我们可以进行联想配对，数量一旦增加，就是串联故事。串联故事法我们前面记忆数字时已经使用过，记忆词语的运用中如果词语是形象词，反而比数字还节省了图像转化的步骤，对于抽象词加一步转化，再把图像串联。在串联的过程中，如果按照一定要求进行使用，会增加我们记忆的准确度。

串联故事法原则：

1.必须有图像。图像是我们记忆的基础，没有图像的故事我们只是在理解一段话，而并没有记忆故事所呈现的画面。单纯的理解记忆准确度会下降，容易造成遗漏或者混淆。

2.图像与图像之间两两连接并接触。比如我看见一只企鹅，从图像上来讲，我跟企鹅之间还是有距离的，但如果是我踩着一只企鹅，那我跟企鹅之间是接触的，接触在一起就更容易通过上一个图像回忆起下一个图像。就像铁链一样，每一个铁环都紧紧地连在一起，环环相扣，图像与图像之间连接紧密，那我们对信息记忆的牢固程度就像铁链一样完整。

3.图像之间用动词连接。一个物体通过一个动作攻击下一个物体，比如钥匙敲打鹦鹉，山虎吃了芭蕉，妇女抓起饲料，扇儿吹出气球……具体的动作会让我们感觉内容更加清晰，图像更加生动。如果把前面的联想变成钥匙是鹦鹉的，山虎有芭蕉，妇女喜欢饲料，扇儿像气球……这些话语都是我们的理解内容，没法通过具体的画面呈现。

4.通常情况下尽量按照逻辑联想。之前我经常给学生讲一个逻辑与非逻辑的案例：一条狗咬了一个人是逻辑联想，一个人趴在地上咬狗是非逻辑联想，其实二者都是逻辑联想，狗长着嘴巴可以咬人，人长着嘴巴也可以咬狗，只不过第二个画面现实中比较少出现而已。只要是逻辑的画面就能出图，出图就可以清晰记忆。这里所谓的非逻辑，比如很多初学者会有这样的联想：香蕉吃孔雀。“吃”这个动词需要有一个嘴巴来承载，香蕉是没有嘴巴的，如果他的联想是香蕉在吃孔雀，其实他只是联想了这样一句话而已，脑海里并没有具体的画面呈现出来，因为香蕉没有嘴巴是没法吃孔雀的，这就叫非逻辑联想，一般不建议使用。

5.简洁连贯。快速记忆的目的就是为了让复杂的信息变得更加简单，如果为了记忆两个词语，编造了一个天花乱坠的长篇故事，是没有这个必要的，既浪费时间，又浪费我们记忆的容量。

初学者错误案例：

馒头　钢笔　风衣　企鹅　爷爷　足球　猩猩　木棒　白云　大风　女孩　作业

错误联想：

把馒头做成了钢笔，钢笔戳中了风衣和企鹅，爷爷抱着企鹅去踢足球，猩猩拿着木棒打蓝天上的白云，白云吹出了大风，大风刮走了女孩的作业。

问题：

1.馒头做成了钢笔，这并不是两个图像的连接，给我们的感觉是先出现馒头这个图像，馒头的图像消失了，又出现了钢笔，两个图像并不是同时出现，可能在回忆时造成词汇遗漏。

2.钢笔戳中了风衣和企鹅，在语言上，我们是把风衣放在了前面，但是在图像顺序上来讲，风衣和企鹅是并列关系，它们两个之间并没有先后顺序，在回忆的时候容易造成顺序错乱。如果我们要记忆的词汇是有顺序的，就尽量不要用这样的方式记忆。

3.爷爷抱着企鹅，爷爷在前、企鹅在后，顺序反了。

4.足球没有和猩猩连接，这就相当于把这12个词语编成了两个故事，从足球和猩猩之间断开了。

5.蓝天上的白云，多加了一个图像词语“蓝天”，附加的东西会增加我们的记忆量，同时会扰乱我们的准确思路。

6.大风刮走了女孩的作业，女孩与作业之间并不是动词，这种情况在记忆很少的内容时可以使用，而且一般不会出错，但是在大量记忆，尤其是竞技比赛的快速记忆当中，这种方式不可取。

正确联想：

掰开馒头发现里面有一支钢笔，钢笔戳破了风衣，风衣里跑出一只企鹅，企鹅咬了一下爷爷，爷爷在踢足球，足球砸到了猩猩，猩猩拿起木棒，木棒搅拌了一下白云，白云吹出大风，大风刮倒了女孩，女孩在写作业。

例1：

莫言部分代表作

《老农民》《藏宝图》《红高粱》《透明的红萝卜》《蛙》《金发婴儿》《十三步》《酒国》《檀香刑》《生死疲劳》《会唱歌的墙》《四十一炮》《红树林》《白狗秋千架》《食草家族》《白棉花》《司令的女人》《月光斩》

串联：莫言是一位老农民，老农民拿着一张藏宝图，藏宝图上长出了一棵红高粱，红高粱结出了一个透明的红萝卜，透明的红萝卜后面跳出一只蛙，蛙跳到了金发婴儿的身上，于是金发婴儿向前走了十三步，来到了一个酒国，喝酒误事被叛了檀香刑，檀香刑让人感觉生死疲劳，生死疲劳就要坐在会唱歌的墙上休息，会唱歌的墙下面有四十一炮，四十一炮正在轰击一片红树林，红树林里面挂了个白狗秋千架，白狗秋千架旁边有一群食草家族，食草家族正在吃白棉花，白棉花送给了司令的女人，司令的女人手里拿了一把月光斩。

字头歌诀法

我们所遇到的信息，不是任何一个都需要转化图像才能记忆清楚，甚至绝大部分信息通过理解就可以记住，我们所说的记不住实际上是记忆不全面 。就像我们前面讲到的中国34省，这样的信息太熟悉了，这里所谓的熟悉，是我们随便给出一个省的名称，你就能判断它是否属于34省。比如给出江西省，你可以直接快速回答它属于34省市中的一个，给出天山省，我们知道中国根本就没有这样一个省。但是如果我换一种方式提问，你能否快速回答我，中国34省市是哪34省市？你可能会回答得磕磕绊绊，而且说出一部分之后，会考虑还有哪一个没有说，想半天想不起来，别人一提示你立马想起来，哦，对，就是它。这种情况就是我们记忆中非常普遍的一点，记完整了，但不一定能回忆完整。记忆是两个概念，记是记，忆是忆，记住了，还要能全面地回忆出来才叫记忆。当我们发现一个问题已经记过了，但是回忆不全面的时候，最直接的方式就是身边有知道答案的人提示我们。提示不一定是非要把整个答案告诉你，或许只提示你一个词，甚至一个字，你就能回忆起全面的正确答案。绝大部分情况下是没有人会提示我们的，所以说我们要通过一些方式自己提示自己。

生活案例

记得很早之前脑力圈的一个朋友跟我讲过一件事情。有一次他去青岛，遇到了一个企业家，这个企业家听说他是一位记忆大师，就提出了一个问题，说在工作当中，他经常会跟别人提起青岛的五个知名产业：双星、啤酒、海尔、海信、澳柯玛。这五个产业被称为青岛的“五朵金花”。他对这五个产业的名称很熟悉，别人随便说出一个他就可以快速判断是否属于这五朵金花，但是当他想把这“五朵金花”一下子介绍给别人的时候，他总是需要想一会儿，甚至还会卡顿一会儿。他问有没有什么记忆方法可以让他快速完整地把这五个产业说出来。我朋友简单思考，给出了这样一句话：两匹海马。青岛靠海，我们可以联想海里有两匹海马。这四个字分别对应五个产业的名称：两——双星，匹——啤酒，海——海尔、海信，马——澳柯玛。这句话很简单、很容易理解，而且跟海滨城市青岛联系恰当，在以后需要回忆这五个产业时，只需要想一下这句话就可以根据这句话每一个字的提示，完整地回想起这五个产业。

简单案例

例1：

戒指戴在每一个手指的意义：食指代表青春，中指代表热恋，无名指代表结婚，小拇指代表单身。

分析：按照手指顺序，关键词为青春、热恋、结婚、独身。每一个词语提取第一个字，青、热、结、独。

联想：“青热结独”谐音“清热解毒”。

例2：

八国联军侵华是哪八国：俄国、德国、法国、美国、日本、奥匈帝国、意大利、英国。

分析： 我初中的历史老师曾经讲过八国联军的记忆方法，每一个国家提取一个字：英、美、俄、日、法、德、意、奥，同时也进行了谐音转换“英美讹日，法得意哦”，意思是英国和美国去讹诈日本，法国很得意哦。这种联想方式，确实已经降低了记忆难度，但是里面的英国、美国、日本、法国，还是属于同类信息中的抽象词，没有进行更加具体简单的转化，记起来仍然不够简单。我们需要把这八个字转化成一句更加简单，更加容易理解的一句白话文。

联想：“俄德法美日奥意英”谐音“饿的话每日熬一鹰” 。

例3：

中国季风区与非季风区的分界线是：大兴安岭——阴山——贺兰山——巴颜喀拉山——冈底斯山。

联想：“大阴贺巴冈”谐音“打赢喝八缸”，进一步跟题目结合，联想这一条分界线两边有两股季风在打架，谁打赢了就喝八缸酒。

升级案例

例1：

五谷指的是：稻、黍、稷、麦、菽。

联想：“稻黍稷麦菽”谐音“到暑季卖书”。读书吃不饱肚子，到暑季卖了书换五谷杂粮吃。

例2：

八仙过海是哪八仙：铁拐李、汉钟离、张果老、吕洞宾、何仙姑、蓝采和、韩湘子、曹国舅。

分析：人名是非常抽象的“名词”，人虽然是具体画面，但是名字太随机，如果这个人的长相你没有见过或者记住，那么这个人的名字就是抽象信息。首先把八仙的名字进行熟悉，第二步再从每一个名字中提取一个字，提取的字尽量差距大一些，比如：“李”和“离”读音相近，谐音转化容易混。各提取第一个字：汉、韩、何、张、曹、蓝、铁、吕。

联想：“汉韩何张曹蓝铁吕”谐音“旱寒河长草拦铁驴”。这句话没有前面的容易理解，解释为：干旱又寒冷的河里长出了草拦住了一辆铁驴。

例3：

社会主义核心价值观：富强、民主、文明、和谐，自由、平等、公正、法治， 爱国、敬业、诚信、友善。

分析：熟悉每一个词语并分别提取第一个字。

联想：富民文和——富民温和（富裕的农民性格温和）；

自平公法——紫苹果仨（紫色的苹果一共仨）；

爱敬诚友——矮井盛油（很矮的井里盛着油）；

熟语定位法

同样是一种定位方法，跟地点定位法、人物定位法一样，只要这个定位系统有顺序就可以。所谓熟语即是熟悉的语言，熟悉的语言也就是一句话，一句话中的文字是有顺序的，把每一个字转化成图像跟要记忆的词语信息转化的图像结合即可。

例1：

五湖四海的五湖指：太湖、洪泽湖、鄱阳湖、洞庭湖、巢湖。

分析：熟悉五个湖的名称，提取关键词分别是太、洪泽、阳、洞庭、巢。我们用“锄禾日当午”这句熟悉的诗句来定位记忆。

联想：

锄——太湖　联想：太太扛着锄头。

禾——洪泽湖　联想：红色的沼泽（洪泽）里面长满了禾苗。

日——鄱阳湖　联想：日=阳。

当——洞庭湖　联想：山洞的亭子（洞庭）里面挂满了铃铛。

午——巢湖　　联想：中午喝雀巢咖啡。

例2：

我国四大佛教名山：山西五台山、四川峨眉山、 浙江普陀山、安徽九华山。

分析：熟语我们就选取佛家的“阿弥陀佛”四个字，刚好跟题目结合。

联想：

阿——五台山　联想：舞台（五台）上站了一只鹅（阿）。

弥——峨眉山　联想：娥眉（峨眉）上沾满了大米（弥）。

陀——普陀山　联想：骆驼驮（陀）着葡萄（普陀）。

佛——九华山　联想：佛祖拿着九朵花（九花）。

例3：

中国十大名茶：碧螺春、信阳毛尖、西湖龙井、君山银针、黄山毛峰、武夷岩茶、祁门红茶、都匀毛尖、铁观音、六安瓜片。

分析：有些茶的名称一样，但是产地不一样，尤其对于初次接触这类知识的人，需要将茶的全名转化，而不能单单只提取关键字。我们用“床前明月光，疑是地上霜”来定位。

联想：

床——碧螺春　　联想：床上有个碧绿的海螺。

前——信阳毛尖　　联想：一只新羊（信阳）毛很尖，身上扎满了钱（前）。

明——西湖龙井　联想：姚明在西湖修建了一座龙王井。

月——君山银针　联想：君王爬山用银针扎月亮。

光——黄山毛峰　联想：黄色的山毛绒绒的山峰，金光灿灿。

疑——武夷岩茶　联想：五姨（武夷）把盐放进茶里，我很疑惑。

是——祁门红茶　联想：七扇门（祁门）很红，上面长满了柿（是）子。

地——都匀毛尖　联想：多云（都匀）的天气，地上长出很多尖毛（毛尖）。

上——铁观音　联想：天上有一尊铁观音。

霜——六安瓜片　联想：西瓜霜或者六块瓜片被霜打了。

绘图记忆法

我们前面所有记忆方法的联想都在脑海里产生了画面。但是要知道我们眼睛看到的画面跟我们大脑想象出来的画面，从清晰度上来讲肯定是眼睛直观看到的清晰度更高。我们联想出来的画面在下一次复习的时候，不一定能保证想到的画面跟你当初第一次联想的画面会一模一样，如果两次的联想画面有差异，前后图像就会互相干扰，增加我们记忆的负担。如果我们在联想的时候把联想的画面用绘图的方式绘制出来，在下一次复习的时候我们就可以直接按照绘制的图片来复习，两次记忆的画面便是一模一样，从而增加我们对信息记忆的准确度。绘图记忆法简单、清晰、直观，是我目前用得最熟练也是最满意的一种记忆方法，它的关键步骤就两个：转化图像；将图像画出来连成一个整体画面。

例1：

三皇五帝：三皇指神农、伏羲、燧人，五帝指黄帝、颛顼、帝喾、尧、舜（版本之一）。

分析：三皇五帝的名字有一些字比较难理解和书写，所以先认识字。

联想：伏羲谐音“扶膝”——扶着膝盖；

燧人谐音“碎人”——破碎的人；

颛顼谐音“砖须”——砖头上长胡须；

帝喾谐音“帝裤”——帝王的裤子；

尧谐音“腰”；

舜谐音“水”。

绘图：

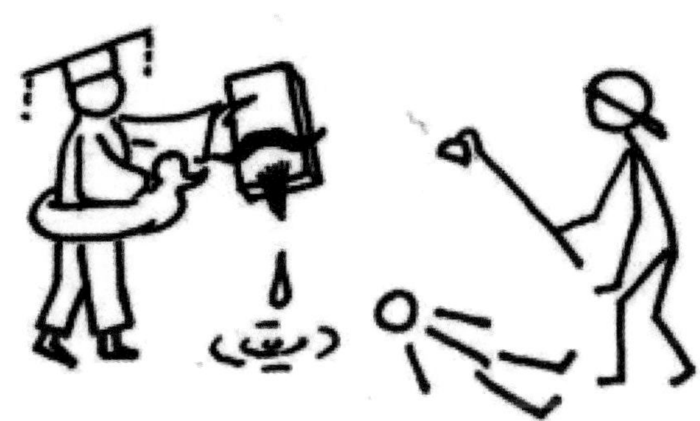

解图：图像左边为五帝，右边为三皇，一位皇帝（黄帝）穿着裤（喾）子，腰（尧）上有救生圈，拿着长着胡须的砖（颛顼），砖上流下了水（舜）。一位神农扶着膝盖（伏羲）打碎了一个人（燧人）。

例2：

唐宋八大家：韩愈、柳宗元、欧阳修、苏洵、苏轼、苏辙、曾巩、王安石。

分析：中学生对这几个诗人的名字肯定非常熟悉，所以，对于他们名字的转化，只需要提取关键字就可以。

联想：韩愈——含玉，嘴里含着一块玉；

柳宗元——柳，柳树；

欧阳修——阳，太阳；

苏洵、苏轼、苏辙——三苏，三叔；

曾巩——巩，拱桥；

王安石——石，石头。

绘图：

解图：太阳（欧阳修）底下石（王安石）头做成的拱（曾巩）桥上有一位三叔（三苏）含着玉（韩愈）在柳（柳宗元）树下乘凉。

例3：

七情是指喜、怒、忧、思、悲、恐、惊，感情的表现或心理活动。

联想：喜——细；

怒——怒火；

忧思——鱿丝，鱿鱼丝；

悲恐——杯孔，杯子上有个孔；

惊——鲸。

绘图：

解图：愤怒的人长得很细（喜），一手拿着鱿（忧）鱼丝（思），左手拿着带孔（恐）的杯（悲）子站在鲸（惊）鱼上。

此类信息绘图记忆法的要点，就是要把图画成一个整体，即使图像与图像之间并没有接触连在一起，但是让我们看上去仍然像是一个整体画面才可以。如果我们把需要记忆的信息转化成图像，然后一个图像一个图像地按照顺序分别画出来，排列得再整齐，没有联系的顺序对于我们的记忆也没有太多意义。有的人可能觉得自己的绘画技能几乎为零，大脑里能清晰地想到一些物体，但是画不出来。其实，绘画是我们每个人的天生技能，就跟走路吃饭一样，只不过有的人画得丑一些，有的人画得好看一些。绘图记忆方法重点不是画得有多好看，而是你的联想是否恰当。我们经常会在网上看到一些学霸的笔记，他们的生物学笔记可以把一条鱼或者人体的一块肌肉画得栩栩如生，为了记住几片鱼鳞和几块肌纤维，一幅画画了两个小时，印象是深刻了，但是速度太慢了。而且这样的绘图往往课本上是有更加完整的彩绘插图的，没必要在笔记本上再画一遍。可能又有人会提问，说这些人画图没必要，但为什么认真画图的人都变成学霸了？我想告诉你的是，如果你也可以盯着一块肌纤维看上两个小时，你也一定会对知识点了如指掌，往往学霸在绘画的时候学渣连一眼都不看，怎么跟人家比。这跟注意力和学习态度有关，并不全是因为这种方法帮助了他。所以我们的绘图没必要如此美观精细，只要你画出的物体能看懂它是什么就可以了。并且为了我们随时复习的时候，可以准确地判断我们画的具体是什么，我们往往要在图的旁边加上关键字词，所以绘图记忆法只要愿意去尝试练习，它会适合每一个人。

数字定位法

有顺序的地点可以帮助我们定位记忆信息，有顺序的任务可以帮助我们定位记忆信息，甚至有顺序的文字都可以帮助我们定位记忆信息，那数字本身就有顺序，我们完全可以用数字编码帮助我们记忆信息，尤其是需要记住顺序的信息。

例1：

龙之九子：

老大囚牛，喜音乐；

老二睚眦，嗜杀喜斗；

老三狴犴，伸张正义；

老四狻猊，喜烟好坐；

老五饕餮，好吃好喝；

老六椒图，衔环守夜；

老七赑屃，好负重；

老八鸱吻，好张望；

老九貔貅，吞金银；

联想：

01小树，小树下面一只被铁链锁住的牛在拉二胡。

02铃儿，戴着铃儿的鸭子（睚眦）拿着一把剑。

03凳子，牢房（正义）里的凳子上有一坨大便（狴犴的拼音连起来读）。

04轿车，蒜泥（狻猊）坐在轿车里，轿车发动冒烟。

05手套，戴着手套吃铁桃（饕餮）。

06手枪，手枪打中了门上的辣椒图画。

07锄头，扛着很重的锄头需要闭气（赑屃）。

08溜冰鞋，两个溜冰鞋站在屋角（张望）痴痴地接吻（鸱吻）。

09猫，招财猫穿着皮鞋（貔貅）。

例2：

《三十六计》

01瞒天过海　联想：躲在小树上瞒着天过了海。

02围魏救赵　联想：铃儿围住了魏国救了赵国。

03借刀杀人　联想：借刀杀凳子。

04以逸待劳　联想：不想走路，用轿车代劳。

05趁火打劫　联想：戴着防火手套打劫。

06声东击西　联想：用手枪击打东面，实际上攻击西面。

07无中生有　联想：锄头挖地，种出菜。

08暗度陈仓　联想：溜冰鞋偷偷地渡（度）过了陈旧的仓库。

09隔岸观火　联想：猫隔岸观火。

10笑里藏刀　联想：笑脸里藏了个棒球，球上插着把刀。

11李代桃僵　联想：桃李本来就长在树上的，摘用梯子。

12顺手牵羊　联想：顺手牵走了椅儿上的羊。

13打草惊蛇　联想：医生采草药打草惊蛇。

14借尸还魂　联想：用钥匙打开尸体用来还魂。

15调虎离山　联想：鹦鹉叼着老虎离开了山。

16欲擒故纵　联想：鱼亲顾总的石榴。

17抛砖引玉　联想：用仪器看到砖里出来一块玉

18擒贼擒王　联想：用人民币贿赂下属，进而擒住贼王。

19釜底抽薪　联想：釜，大锅。锅里煮的就是药酒。

20混水摸鱼　联想：香烟把水搅浑，开始摸鱼。

21金蝉脱壳　联想：金蝉脱了壳，变成了鳄鱼。

22关门捉贼　联想：双胞胎关起门来捉贼。

23远交近攻　联想：打篮球的时候远了交给朋友，近的要进攻。

24假道伐虢　联想：谐音“嫁到法国”，嫁到法国看到嫁妆都是钟表。

25偷梁换柱　联想：把房梁偷了，换成了二胡。

26指桑骂槐　联想：两头牛指着桑树骂槐树。

27假痴不颠　联想：戴着耳机假装痴癫。

28上屋抽梯　联想：恶霸上屋之后，被抽走了梯子。

29树上开花　联想：树上开了花结出了阿胶。

30反客为主　联想：三轮出租车上有主人，有客人。

31美人计　　联想：美人爱吃山药，山药可以美容。

32空城计　　联想：诸葛亮（手拿扇儿）的空城计。

33反间计　　联想：谐音，房间。房间里有个灯泡。

34苦肉计　　联想：绅士爱吃苦瓜炒肉。

35连环计　　联想：山虎跳跃在九连环上。

36走为上计　联想：三鹿奶粉有毒，赶紧跑。

第二节　分条笔记类句子信息

从小学到初中，一直到高中，我们所学的内容中，理解性的内容越来越多，需要纯记忆的内容占比越来越少，但量越来越大。小学生的记忆以精确记忆为主，字词、古诗、文章都需要背诵得一字不差。当我们进入初中、高中，除了古诗文需要精确背诵，其他多以理解为主，尤其是在历史、政治等科目当中，考试中的答案不需要跟课本一模一样，略有偏差，只要大体意思是对的就可以。我上中学期间每学到一个问题，教学老师总会边讲解，边帮助我们从课本上一条一条标出问题的答案，我就会在句子前面标上序号，并且在句子下边画上横线。当时我的一个女同桌家里比较富裕，她做笔记用的是二十多根荧光笔中的一根，她用荧光记号笔工整地标出重点，比我做的笔记好看太多。当然我们有一个共同点，画出一条一条的重点后这个知识点就再也不看了，因为看不懂，也记不住。记不住的原因不只是文字记不住，即使记住了文字，由于问题量很大，最终导致记住了答案不知道答案应该对应哪一个问题，答题时驴唇不对马嘴。

一个人在任何一个领域里面待久了，都能有所发现，就好像法拉第发现电磁感应，因为有这样的环境，把你放到一堆线圈里面，时间久了说不定你也会有意想不到的突破。我并不是在嘲笑科学，而是发现往往就在我们对当下环境的不断探索中。经历完中学，各种各样背了忘、忘了背的知识点见多了，刚入大学的一天，再次看到书上的题目，突然间灵光一现，原来所有的题目都是一样的。任何一道知识题，都是由一个问题加若干个答案组成，这一点谁都能明白，但是如果我们整理出来再配上记忆方法的使用，记忆效果完全不一样。

笔记的模板

问：……是什么？

答：1.……

2.……

3.……

…………

所有问题从易到难、从少到多都可以转化成这样一个统一的模板。

例1：

问：苏轼字什么？

答：子瞻。

例2：

问：佛教四大菩萨是谁？

答：1.观音菩萨。

2.文殊菩萨。

3.地藏菩萨。

4.普贤菩萨。

例3：

问：抗日战争胜利的根本原因是什么？

答：1.在中国共产党倡导下，建立了以国共两党合作为基础的抗日民族统一战线。

2.国民党军队在正面战场与日军展开了多次会战，消灭了大量日军，打击了日军的嚣张气焰 。

3.中国共产党提出了全面抗战路线，制定了持久战的战略方针和一整套正确的作战原则，中国共产党领导的八路军、新四军以及各地的人民抗日武装抗击和牵制着大部分侵华日军和几乎全部伪军，成为全民族的中流砥柱，对抗战的胜利起了决定性作用。

4.海外华侨和世界各国的支持，苏联红军、英美联军在欧洲、太平洋地区各个战场痛击德、意、日法西斯，加速了抗战胜利的进程。

5.抗日战争是正义之战，正义之战必将取得胜利。

笔记类信息记忆的一般步骤：

1.通读问题及答案，透彻理解每一句话。通读问题题目是为了知道答案的归属，有很多题目，问的类型都一样，比如：……的影响、……的作用、……的意义等，所以要知道题目的关键词，避免答案与问题对应错误。答案文字量大，不需要精确记忆，所以在理解基础上用自己的话描述出来。

2.提取关键词。关键词是让我们想起整句话的词语，每句话中关键词可以提取一个或多个，在我们理解足够透彻的基础上提取一个关键词甚至一个关键字便足够。关键词一般为名词。

3.将关键词转化图像用记忆方法串联联想或定位联想。

4.根据关键词回忆原文内容。理解越深，原文内容回忆越全面。

字头歌诀法

例1：

问：高锰酸钾制取氧气的步骤是什么？

答：1.检查装置的气密性。（查）

2.装药品。（装）

3.把试管固定到铁架台上。（定）

4.点燃酒精灯加热（先预热，注意：一定要让试管均匀受热，否则会因冷热不均炸裂试管）。（点）

5.收集气体（可以使用排水法、向上排空法）。（收）

6.把导气管从水槽中取出（如果使用向上排空法，此步骤基本不需要，但是最好先取出导管再盖上玻片）。（离）

7.熄灭酒精灯。（熄）

联想："查装定点收离熄"谐音转化"茶庄定点收利息"。

注：本案例取自N年前化学课本指导教材，7个关键字均为动词，恰巧每一个动词都不一样，这种情况下只提取动词也是可以的。

例2：

问：《南京条约》的主要内容是什么？

答：1.清政府将香港岛割让给英国。（地）

2.清政府向英国赔款2100万元。（钱）

3.清政府开放广州、福州、厦门、宁波、上海五处为通商口岸。（口）

4.英国进出口货物所缴纳的税款，中国须与英国相协定。（税）

联想："地钱口税"谐音"滴千口水"，滴了一千口口水。"南京条约"谐音“南京跳跃”，在南京跳跃的人滴了一千口口水。

关键字歌诀法记忆笔记，可以让我们记忆的容量大大降低，就需要我们对笔记原文的理解足够透彻，在课堂的学习中授课老师会有精细讲解，可以跟随进度边理解边转化使用。在大量题库的快速记忆中，为了保证记忆的准确度，建议提取更多、更具体的关键词。

人物定位法

例1：

“三个代表”的基本内容是什么？

答：1.始终代表中国先进生产力发展的要求。（生产力　要求）

2.始终代表中国先进文化前进的方向。（文化　方向）

3.始终代表中国最广大人民的根本利益。（人民　利益）

联想：刘备——刘备腰上挂着个球（要求）在菜园里种菜（生产力）。

关羽——读春秋（文化）的关羽手握方向盘。

张飞——张飞杀猪卖（利益）给老百姓。

例2：

四项基本原则的内容是什么？

答：1.必须坚持社会主义道路。（社会主义）

2.必须坚持人民民主专政。（民主）

3.必须坚持共产党的领导。（共产党）

4.必须坚持马列主义、毛泽东思想。（马、毛）

联想：喜羊羊——喜羊羊遇见了一条灰蛇（社会）。

美羊羊——美羊羊用器皿煮（民主）饭。

懒羊羊——懒羊羊上学戴着红领巾（共产党）。

慢羊羊——慢羊羊长了一身马毛。

例3：

社会主义荣辱观——八荣八耻

以热爱祖国为荣，以危害祖国为耻；

以服务人民为荣，以背离人民为耻；

以崇尚科学为荣，以愚昧无知为耻；

以辛勤劳动为荣，以好逸恶劳为耻；

以团结互助为荣，以损人利己为耻；

以诚实守信为荣，以见利忘义为耻；

以遵纪守法为荣，以违法乱纪为耻；

以艰苦奋斗为荣，以骄奢淫逸为耻。

分析：八句文字用的统一模板，“以……为荣，以……为耻”，所以统一模板的地方不需要记，而八荣相对的八耻是意义相反的四字词语，清晰理解一下即可。需要我们定位记忆的只有为荣的八个四字词语。找八个有顺序的人物爷爷、奶奶、爸爸、妈妈、我、六小龄童、七仙女、猪八戒。

联想：爷爷——爷爷是一位老红军，高举五星红旗热爱祖国。

奶奶——奶奶是环卫工人，为人民服务。

爸爸——爸爸是年轻的科学家，崇尚科学。

妈妈——妈妈是家庭主妇，辛勤劳动。

我——我作为学生在学校要团结互助。

孙悟空——孙悟空保唐僧西天取经说到做到，诚实守信。

七仙女——七仙女私自下凡违法乱纪，需要教育她们遵纪守法。

猪八戒——猪八戒艰苦奋斗希望早日回到高老庄。

万事万物定位法

一个房间我们可以从里面找出各种家具作为信息载体，一段文字我们可以把每一个字作为信息载体，一群人我们可以按照顺序把每个人作为信息载体，我们都是把一个大的系统分成若干部分，同样的方式，我们可以一个物体拆分成若干个更小的部分，让每一个部分帮助我们记忆信息。这个方法可以让你在任何时间、任何地点以任何物体快速记忆任何信息。

例1：

问：商鞅变法的内容是什么？

答：1.国家承认土地私有，允许自由买卖。（土地）

2.奖励耕战。生产粮食布帛多的人，可免除徭役；根据军功大小授予爵位和田宅，废除没有军功的旧贵族的特权。（耕战）

3.建立县制，由国君直接派官吏治理。（县制）

分析：首先理解大部分文字内容，记忆的内容是商鞅变法，提取题目关键词“商鞅”，联想到“山羊”，从山羊身上分出三个部分羊角、羊蹄、羊毛。

联想：羊蹄——羊蹄踩在土地上。

羊角——羊角是用来战斗的，同时羊角样子尖尖的很像耕地的犁。

羊毛——羊毛可以制作成毛线，简称“制线”，颠倒法想到“县制”。

例2：

问：植物的生活为什么需要水？

答：1.水是植物体的重要组成部分。（组成）

2.使植物体保持一定的姿态。（姿态）

3.无机盐只有溶解在水中才能被吸收和运输。（无机盐）

4.水参与植物的新陈代谢。（代谢）

分析：用一株有土、有叶、有茎、有花的植物。

联想：土——土里全是盐（无机盐）。

叶——很多叶子（组成）。

茎——直立的茎（姿态）。

花——血红色的花仿佛带血（代谢）。

绘图记忆法

例1：

问：第一次世界大战的影响是什么?

答：1.削弱了各帝国主义力量。　（帝国）

2.造成了重大的人员伤亡和物质损失。　（死人）

3.给交战各国人民带来深重灾难。　（灾难）

4.诞生了世界上第一个无产阶级专政的社会主义国家——苏俄。　（苏俄）

5.促进了国际无产阶级运动。　（无产）

分析：关键词形象转化，帝国——地瓜，灾难——火山爆发，苏俄——烤酥鹅，无产——乌黑的铲子。

绘图：

解图：火山爆发（灾难）烤酥了一只鹅（酥鹅），烧死了一个人（伤亡），这个人拿刀削地瓜（削弱帝国主义力量），铲子在山上铲出来台阶（无产阶级）。

例2：

问：辛亥革命意义是什么？

答：1.辛亥革命推翻了清朝的统治。（清朝）

2.结束了我国2000多年的封建帝制。（帝制）

3.使民主共和观念深入民心。（民主）

4.但它没有改变中国半殖民地半封建社会的性质。（半殖民地半封建）

分析：关键词转化，清朝——青草，帝制——帝王，民主——猪，半殖民地半封建——人、锋利的剑。

绘图：

解图：新生的小孩（辛亥）推翻了青草（清朝），掐死了皇帝（帝制），心里有猪鼻子（民主观），地上一半是人（半殖民）一半是锋利的剑（半封建）。

例3：

问：运动损伤的直接原因有哪些？

答：1.场地设备缺陷。（场地）

2.身体心理状态不佳。（身心）

3.思想上不重视。（思想）

4.组织方法不当。（组织）

5.不良气象影响。（气象）

6.技术动作错误。（技术）

7.运动负荷量过大。（负荷）

8.动作粗野违反规则。（动作）

9.缺乏合理的准备活动。（准备）

绘图：

解图：场地有个坑（场地缺陷），支撑脚踮起脚尖（动作粗鲁），整个身体是心（身心状态不佳），举着杠铃太重（负荷），手没抓紧（技术错误），伸着舌头（不重视），头发乱（组织不当），压腿（准备活动），大风吹（天气）。

绘图记忆法的优势前面我们已经有所理解，而绘图记忆法在笔记记忆的应用中可以发挥得淋漓尽致。我大学里的期末考试前的复习中，90%的题目是通过绘图记忆法完成记忆的，考试中，只要遇到的题目是用绘图记忆法记过的，从没丢过分。大家在没有自己的体验之前，对我的感受是无法体会的，只有自己去学习、练习这个方法并取得成果之后，再对比一下之前的效率，才会有深刻体会。希望大家多多练习，内化为自己习惯性的技能。

第三节 精准记忆类单句信息

这一类信息需要完整地记忆，前面的笔记类信息虽然文字多，但大部分是靠理解，有些句子需要我们完整准确地记忆，即使理解了也无法记忆准确，尤其是同类信息同时大量出现时，容易导致记忆混乱。在大学的考试中，我们很多同学都比较犯愁各科考试的第一个题目，因为几乎所有的科目第一题都是名词解释。要完整的记忆这类句子信息，可以把它看成缩减版的笔记信息，然后用绘图记忆法记忆即可。

例：

列举洋务运动、戊戌变法、辛亥革命、新文化运动、五四运动的性质。

洋务（扬雾）运动：是一次失败的封建统治者的自救运动。（失败 封建统治者 自救）

绘图：

解图：扬雾（洋务）的帝王（封建统治者）拿着白旗（失败）带着救生圈（自救）。

戊戌（胡须）变法：是一次自上而下的资产阶级性质的改良运动。（自上而下 资产阶级 改良）

绘图：

解图：自上而下摞在一起的元宝（资产）周围盖起了一座粮仓（改良），粮仓跟人一样长出了胡须（戊戌）。

辛亥（新孩）革命：是一次反帝反封建的资产阶级民主革命。（反帝反封建　资产阶级　民主革命）

绘图：

解图：新出生的小孩用锋利的剑（封建）戳龙冠（帝），骑着猪（主），爬上了钱堆成的台阶（资产阶级）。

新文化（书本）运动：是我国历史上一次空前的思想大解放运动。（空前　思想解放）

绘图：

解图：一本书（新文化）放在空（空前）着的箱（思想）子里，箱子上有解放军标志。

五四（武士）运动：是一次彻底的反帝反封建的爱国运动。（彻底　反帝反封建　爱国）

绘图：

解图：举着红旗（爱国）的武士（五四）用锋利的剑（封建）戳龙冠（帝）。

第四节　文章记忆

文章记忆是一个重在培养小学生理解和对事物感受能力的内容，很多情况下老师往往要求你把文章背诵得一字不差。很多学生让他对文章进行分层理解、总结归纳完全做不到，而背诵枯燥、方法单一又不愿意背诵，导致课文给学生成长带来的收获并没有那么大。当年的小学生时代，每节语文课老师都会选几个同学起来读课文，读的过程中不可长时间停顿、不可重复、不可读错，一旦有错误就会受到默写词语、抄课文等惩罚，所以每次我起来读课文都腿哆嗦、舌头僵直、下巴打颤，虽不说大小便失禁，也基本就奔着那个方向去的，导致我把每节课的重点都放在读课文上，这个环节一过，就跟宣告胜利了一样，剩下的正式课程时间就可以在课本上画飞机大炮轮船了。最终导致我的文采极差，以至于今天给大家写的这本书全是用大白话写的，这本书你不可能看不懂，赵老师没那么多的情感和小清新，看我的书就跟学习电气焊、氩弧焊、挖掘机、美容美发一样简单，你只要照着做就好了，当然前提是你要练习才能做好。记忆课文的方法纯图像记忆我们有，逻辑联想的我们有，分析理解记忆的我们也有。

绘图记忆文章

例：

少年闰土

深蓝的天空中挂着一轮金黄的圆月，下面是海边的沙地，都种着一望无际的碧绿的西瓜。其间有一个十一二岁的少年，项带银圈，手捏一柄钢叉，向一匹猹用力地刺去。那猹却将身一扭，反从他的胯下逃走了。

记忆解析：图像简单形象的文章直接绘图，首先提取关键词（一般为名词）“天空、圆月、海边、沙地、西瓜、少年、项、银圈、手、钢叉、猹、身、胯下”。关键词加以理解，天空前面的词语是“深蓝的”，再逻辑不过的形容词，圆月的形容词是“金黄的”，逻辑到不能再逻辑的词语，圆月是“挂”在天空中，这样一句话理解结束，记忆也随之结束。形容词需要理解，名词需要出图。说完了上面的“天”，那就说下面的“地”，所以“下面是海边的沙地”，沙地上的西瓜“一望无际”“碧绿”理解。瓜地里的少年只不过是“十一二岁”，后面部分全是想象图像。

绘图记忆：

我的绘图没有课本插图形象，但是从记忆的角度我们自己画的图像会更加完整，比如“海边”“沙地”在课本插图中并没有体现出来。

例：

月光曲

皮鞋匠静静地听着。他好像面对着大海，月亮正从水天相接的地方升起来。微波粼粼的海面上，霎时间洒满了银光。月亮越升越高，穿过一缕一缕轻纱似的微云。忽然，海面上刮起了大风，卷起了巨浪。被月光照得雪亮的浪花，一个连一个朝着岸边涌过来……皮鞋匠看看妹妹，月光正照在她那恬静的脸上，照着她睁得大大的眼睛，她仿佛也看到了，看到了她从来没有看到过的景象，月光照耀下的波涛汹涌的大海。

记忆解析：有一些描述故事类的文章，个别图像可能会重复出现，也没有关系，我们可以画一套并不符合逻辑的画面，按照绘画的顺序在理解的基础上提示我们回忆文章。

绘图记忆：按照指引线从皮鞋匠耳朵开始到黑点结束。

小试牛刀

威尼斯的小艇

商人夹了大包的货物，匆匆地走下小艇，沿河做生意。青年妇女在小艇里高声谈笑。许多孩子由保姆伴着，坐着小艇到郊外去呼吸新鲜空气。庄严的老人带了全家，夹了圣经，坐着小艇上教堂去做祷告。

半夜，戏院散场了，一大群人拥出来，走上了各自雇定的小艇。簇拥在一起的小艇一会儿就散开了，消失在弯曲的河道中，传来一片哗笑和告别的声音。水面上渐渐沉寂，只见月亮的影子在水中摇晃。高大的石头建筑耸立在河边，古老的桥梁横在水上，大大小小的船都停靠在码头上。静寂笼罩着这座水上城市，古老的威尼斯又沉沉地入睡了。

颐和园

北京的颐和园是个美丽的大公园。

进了颐和园的大门，绕过大殿，就来到有名的长廊。绿漆的柱子，红漆的栏杆，一眼望不到头。这条长廊有七百多米长，分成273间。每一间的横槛上都有五彩的画，画着人物、花草、风景，几千幅画没有哪两幅是相同的。长廊两旁栽满了花木，这一种花还没谢，那一种花又开了。微风从左边的昆明湖上吹来，使人神清气爽。

走完长廊，就来到了万寿山脚下。抬头一看，一座八角宝塔形的三层建筑耸立在半山腰上，黄色的琉璃瓦闪闪发光。那就是佛香阁。下面的一排排金碧辉煌的宫殿，就是排云殿。

登上万寿山，站在佛香阁的前面向下望，颐和园的景色大半收在眼底。葱郁的树丛，掩映着黄的绿的琉璃瓦屋顶和朱红的宫墙。正前面，昆明湖静得像一面镜子，绿得像一块碧玉。游船、画舫在湖面慢慢地滑过，几乎不留一点儿痕迹。

向东远眺，隐隐约约可以望见几座古老的城楼和城里的白塔。

从万寿山下来，就是昆明湖。昆明湖围着长长的堤岸，堤上有好几座式样不同的石桥，两岸栽着数不清的垂柳。湖中心有个小岛，远远望去，岛上一片葱绿，树丛中露出宫殿的一角。游人走过长长的石桥，就可以去小岛上玩。这座石桥有十七个桥洞，叫十七孔桥；桥栏杆上有上百根石柱，柱子上都雕刻着小狮子。这么多的狮子，姿态不一，没有哪两只是相同的。

颐和园到处有美丽的景色，说也说不尽，希望你有机会去细细游赏。

逻辑联想记忆文章

小学的文章，只要多读几遍，背下来是没有任何问题的。很多学生只是为了背这篇文章而去背诵，所以在不理解的基础上反复重复，背起来不仅比较枯燥，而且记完之后容易遗忘。当我们记忆完一篇文章，背诵得磕磕绊绊，有很多地方容易卡壳，出现这种现象是因为学生在不思考的情况下，只是在背诵一句一句的话，每一句话之间没有思考一下逻辑关系，背完上一句，下一句在他的背诵中并没有跟上一句产生联系，所以忘记了下一句是什么。我们可以根据串联故事记忆词语的方式对句子进行串联记忆。

例：

白杨

爸爸的微笑消失了，脸色变得严肃起来。他想了一会儿，对儿子和小女儿说："白杨树从来就这么直。哪儿需要它，它就在哪儿很快地生根发芽，长出粗壮的枝干。不管遇到风沙还是雨雪，不管遇到干旱还是洪水，它总是那么直，那么坚强，不软弱，也不动摇。"

记忆解析：

微笑消失了脸色肯定严肃，严肃的时候就会想事情，想了事情就要对别人说，说的是本文的主题白杨，白杨的特点是直，直的我们很需要，需要它就发芽，发芽就长粗，长粗就可以抵御自然灾害，抵御了还是直的，直得坚强，坚强肯定不软弱、不动摇。

注：根据上一句与下一局的关联，自己提示自己。解析的文字很多，有些学生一看就像是要背诵两段文章，觉得这样更麻烦，但其实解析是我们对文章的一个理解而已，直接穿插在背诵的过程中就好。

例：

爬山虎的脚

学校操场北边墙上满是爬山虎。我家也有爬山虎，从小院的西墙爬上去，在房顶上占了一大片地方。

爬山虎刚长出来的叶子是嫩红的，不几天叶子长大，就变成嫩绿的。爬山虎的嫩叶，不大引人注意，引人注意的是长大了的叶子。那些叶子绿得那么新鲜，看着非常舒服。叶尖一顺儿朝下，在墙上铺得那么均匀，没有重叠起来的，也不留一点儿空隙。一阵风拂过，一墙的叶子就漾起波纹，好看得很。

以前，我只知道这种植物叫爬山虎，可不知道它怎么能爬。今年，我注意了，原来爬山虎是有脚的。爬山虎的脚长在茎上。茎上长叶柄的地方，反面伸出枝状的六七根细丝，每根细丝像蜗牛的触角。细丝跟新叶子一样，也是嫩红的。这就是爬山虎的脚。

记忆解析：

第一段：方位

联想方位，学校、操场、北边、墙上，看到学校想到自己家，小院、西墙、房顶。

第二段：理解串联句子

刚长出来，过后就要长大，长大就变色，刚长出来的不引人注意，肯定长大了的引人注意，引人注意是因为新鲜，新鲜让人舒服，舒服是因为很顺，顺了就均匀，均匀就不重叠，不留空隙，空隙里吹出风，有风就会产生波纹，波纹好看。

第三段：理解串联句子

爬山虎肯定能爬，爬就有脚，脚长在茎上，茎上肯定长叶柄，叶柄有细丝，细丝像蜗牛角，蜗牛喜欢新叶子，新叶子嫩红，嫩红的脚。

分析理解记忆

大家经过前面的学习也发现了，不管是什么记忆方法、记忆什么样的信息，我们都有先理解再记忆的流程，所以，记忆方法固然重要，但是更重要的是理解，记忆知识点是比较机械的行为，但是利用记忆方法转化记忆的过程才是锻炼大脑的灵活运转。我们学习了这么多年的知识，大学毕业之后，似乎当年的课文、函数、化学都已经忘得干干净净了，但是当初学这些知识的目的不是为了让我们记住它们，而是锻炼我们今后在社会中面对问题时的思维能力。所以，回到你以为的“死记硬背”，我们在背诵文章之前对文章进行理解、分析，既锻炼了我们的思维能力，又使文章在脑海里变得有逻辑、易回忆。分析文章，一开始不一定会分析得很标准，就跟我们练习记忆方法时找关键词一样，总感觉自己的答案跟标准答案之间有点出入，但是我们要知道，所有的能力都是练习出来的，哪怕是理解能力。

例：

桂林山水

人们都说：“桂林山水甲天下。”我们乘着木船，荡漾在漓江上，来观赏桂林的山水。

我看见过波澜壮阔的大海，玩赏过水平如镜的西湖，却从没看见过漓江这样的水。漓江的水真静啊，静得让你感觉不到它在流动；漓江的水真清啊，清得可以看见江底的沙石；漓江的水真绿啊，绿得仿佛那是一块无瑕的翡翠。船桨激起的微波扩散出一道道水纹，才让你感觉到船在前进，岸在后移。

我攀登过峰峦雄伟的泰山，游览过红叶似火的香山，却从没看见过桂林这一带的山，桂林的山真奇啊，一座座拔地而起，各不相连，像老人，像巨象，像骆驼，奇峰罗列，形态万千；桂林的山真秀啊，像翠绿的屏障，像新生的竹笋，色彩明丽，倒映水中；桂林的山真险啊，危峰兀立，怪石嶙峋，好像一不小心就会栽倒下来。

这样的山围绕着这样的水，这样的水倒映着这样的山，再加上空中云雾迷蒙，山间绿树红花，江上竹筏小舟，让你感到像是走进了连绵不断的画卷，真是“舟行碧波上，人在画中游”。

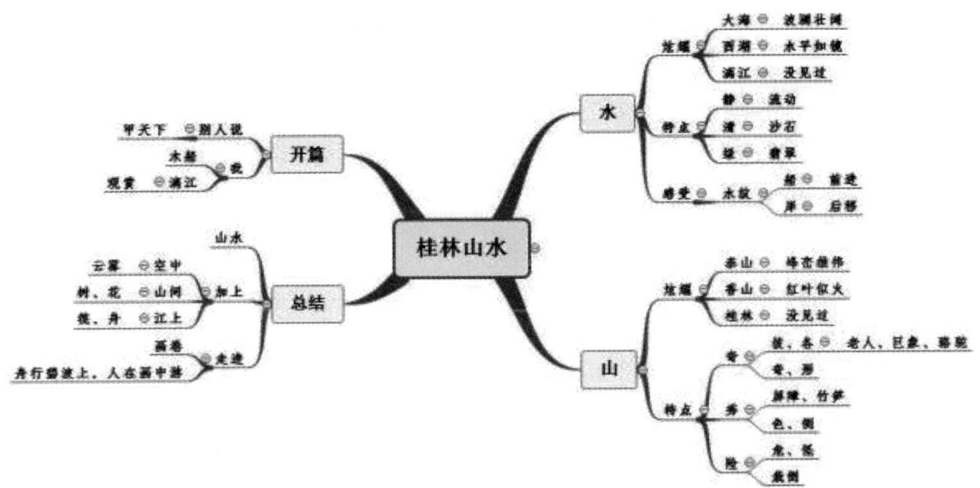

如图所示，《桂林山水》这篇文章，我们可以分为三个部分，为什么来游览桂林山水（开篇）、桂林的景色（山、水）和最后的感悟（总结）。由于中间景色描述的部分比较多，我们可以把景色部分分成对水和山的分别描述。开篇和总结都比较简单，我们真正需要去思考的是中间部分。熟读文章会发现，写水和写山用了同样的描述方式。对于水是先介绍自己的经历，再从静、清、绿三个方面进行描绘，而对于山也是先介绍自己的经历（从北到南，北京、山东、浙江，包括沿海，现在又来了广西），再从奇、秀、险三方面描绘，对于几个形容词理解就已很简单，比喻的几个名词更是图像，记忆足够清晰。

第五节　古诗记忆

绘图记忆古诗

最终目的：一首古诗，只读一遍，即可达到阅读、理解、记忆、默写。

古诗本身就是非常容易背诵的文字信息。一方面它书写格式有规律，读音平仄押韵朗朗上口；另一方面画面感比较强，即使古人描述情感通常也是借物抒情。但是生活当中依然有很多人觉得古诗非常难背诵，包括很多成年人觉得自己脑海里所掌握的古诗并不是很多，学生家长觉得自己的孩子在上小学期间掌握一首古诗非常费劲。为什么大部分小学生觉得背古诗很费劲呢？首先第一点，课内古诗加课外古诗有一两百首，现在学校要求二三年级甚至更早就要开始大量背诵，八九岁的一个孩子，背诵上百首古诗，并不是每一首古诗老师都会讲解，本身理解能力就弱，再让他去背诵非常抽象的古文，觉得难背很正常；另外一点，由于内容不理解背起来非常枯燥乏味，只是嘴巴在重复阅读而已，脑袋里并没有东西。当你发现一个小学生愁眉苦脸告诉你背不下来的时候，其实此时他已经失去了背诵的动力，因为不想背，所以背不下来。

我们都知道在小学的语文课本当中，每一首古诗都配有一幅插图，而在插图里，我们能找到古诗原文当中大部分的描述词语。所以插图不仅是为了让语文课本更加美观，同时也是为了方便学生理解和记忆，但往往我们都忽略了插图的作用。不过在这里还要说一下，古诗插图，只能表现出古诗中的名词，对于一些抽象语句表达并不全面，所以在这里我们需要用绘图的方式，自己把古诗的内容以图像的形式画出来。

绘图记忆古诗的步骤：

1.通读全文，理解大意。背诵之前最重要的就是先熟悉它，找出生字、难字。根据注释正确理解古诗意思。

2.找出每句古诗中的关键词，一般是名词。不是名词的关键词，用我们抽象词转化形象词的方法转化成图像。

3.画图。把关键词转化的图像画出来，并且尽量按照古诗的原意，画成一个整体画面。注意，画面不够整体，太分散的话就失去了绘图的意义。可以适当把没有图像的字词标在紧挨的名词转化的图像位置。

4.根据图画复述古诗。读一句古诗看一眼图像，接下来看着自己绘画的图像复述整首古诗，最终根据大脑当中的图像复述整首古诗。

5.修正。如果在复述的过程中，有遗忘或者背错的字词，用笔标出来，不断修正。

案例讲解：

竹枝词

唐　刘禹锡

杨柳青青江水平，

闻郎江上踏歌声。

东边日出西边雨，

道是无晴还有晴。

【诗文解释】

江边的杨柳青青，垂着绿色枝条，水面平静，忽然听到江面上情郎唱歌的声音。东边出着太阳，西边还下着雨，说是没有晴天吧，却还有晴的地方。

【词语解释】

晴：与情字谐音，双关妙用。

关键词：杨柳 江水 郎 江上 歌声 日 雨 晴

抽象词转化：道是=道士 无晴=无情（大刀） 晴=情（爱心）

绘画记忆思路：

“杨柳”根据字面意思理解，我们可以想到一棵垂杨柳，后面紧跟的词语“青青”，不用记，它是我们的理解。“江水平”江水是平的，“平”也是我们的理解。所以这一句当中我们需要记忆的内容，只有杨柳和江水，青青和平是我们的理解，理解加图像双重记忆。“闻郎江上踏歌声”，火柴人表示“郎”，他所站的位置，以及肢体动作，正好表示“江上”“踏”“歌声”。根据方位右边是东左边是西，一边日出，一边下雨。最后一句，经过我们的图像转换，想到一位道士拿了一把大刀，道士很无情却又有情，这一句，所绘画的画面不参与理解，只参与记忆。最后我们来看整幅画面，有一个非常好的整体感。这样适合我们记忆的一幅绘图就完成了。

案例讲解：

山亭夏日

唐　高骈

绿树阴浓夏日长，

楼台倒影入池塘。

水晶帘动微风起，

满架蔷薇一院香。

【诗文解释】

绿树葱郁浓阴夏日漫长，楼台的倒影映入了池塘。

水精帘在抖动微风拂起，满架蔷薇惹得一院芳香。

【词语解释】

浓：指树丛的阴影很浓稠（深）。

水精帘：又名水晶帘，是一种质地精细而色泽莹澈的帘。比喻晶莹华美的帘子。

蔷薇：植物名。落叶灌木，茎细长，蔓生，枝上密生小刺，羽状复叶，小叶倒卵形或长圆形，花白色或淡红色，有芳香。花可供观赏，果实可以入药。亦指这种植物的花。

关键词：树 阴 夏日 楼台 倒影 池塘 水晶帘 微风 架 蔷薇 香

绘画记忆思路：

“绿树阴浓夏日长”，我们画出来的图像是树、阴（联想到“树荫”）、太阳，树木很绿、阴影很浓、夏天很长，这都属于理解。后面三句没有太多复杂形容的语言，就是画面事实的一个陈述，所以本首诗很简单，读完即可理解，即可背诵。

人物定位记忆古诗

我们在背古诗时，不是说整首古诗一点都背不下来，而是在读过几遍，在背得不是很熟练的情况下，容易磕磕绊绊，甚至会卡壳。卡壳的原因是你背完上一句，因为上一句跟下一句没有联系，没有东西提示下一句，导致想不起来。经验告诉我们，在背诵古诗或者文章时，在卡壳的地方，如果旁边有人提示一下，哪怕只是提示了一个字，我们都有可能立马想起来。所以说，既然通过提示可以让我们想起后面的内容，那我们就在对古诗熟读的基础上，自己提示自己。

人物定位，就是要用有顺序的人物，来帮助我们定位我们要记的信息。人物定位系统的原则有两点：

1.人物要有顺序。

2.所有的人物我们都非常熟悉。

有了这两点之后，那么接下来的定位联想，就跟我们记忆数字、记忆词语的联想一模一样了。即把每一句古诗联想画面后，按照顺序跟对应的人物联想在一起就可以了。回忆的时候只需要按照人物的顺序回想起每个人物对应的画面，根据画面回想起所要背诵的诗句即可。直接通过案例来看。

观沧海

东汉　曹操

东临碣石，以观沧海。

水何澹澹，山岛竦峙。

树木丛生，百草丰茂。

秋风萧瑟，洪波涌起。

日月之行，若出其中。

星汉灿烂，若出其里。

幸甚至哉，歌以咏志。

【诗文解释】

东行登上碣石山，来观赏那苍茫的海。

海水多么宽阔浩荡，山岛高高地挺立在海边。

树木和百草丛生，十分繁茂。

秋风吹动树木发出悲凉的声音，海中涌着巨大的海浪。

太阳和月亮的运行，好像是从这浩瀚的海洋中发出的。

银河星光灿烂，好像是从这浩瀚的海洋中产生出来的。

我很高兴，就用这首诗歌来表达自己内心的志向。

转化联想：

如来：东临碣石，以观沧海＝东林结石，蚁观沧海联想：如来佛祖来到东边的树林，发现一块碣石上面有一只蚂蚁在观看沧海。

观音：水何澹澹，山岛竦峙 = 水河淡淡，山岛耸着

联想：泥菩萨过水河，淡淡地看着远方山岛耸立着。

唐僧：树木丛生，百草丰茂 = 树木丛生，百草丰茂

联想：唐僧在树木丛生、百草丰盛茂密的地方打坐。

悟空：秋风萧瑟，洪波涌起 = 秋风萧瑟，洪波涌起

联想：孙悟空在秋风中瑟瑟发抖，风中的洪水波涛涌了起来。

八戒：日月之行，若出其中 =日月之行，若出其中

联想：猪八戒在日月之间行走，出现在其中。

沙僧：星汉灿烂，若出其里 = 腥汗灿烂，若出起立

联想：沙和尚流着腥汗还觉得自己很灿烂，突然起立。

白龙：幸甚至哉，歌以咏志 = 星神之灾，歌以用指

联想：白龙马犯了星神之灾，唱歌可以用手指。

如何建立自己的人物定位系统

在我们现实当中找大量有顺序的人物，可以辅助我们记忆很多的信息。如何寻找大量有顺序的人物？我们有两种方法：

知识构成法。以我们现实当中所了解的、知道的知识，逻辑联想到的人物顺序。比如一个家庭有爷爷、奶奶、爸爸、妈妈、哥哥、姐姐、弟弟、妹妹等，武侠小说东邪、西毒、南帝、北丐、中神通等，每个人的形象都不一样，各有各的特点，完全可以让我们区分开来，这样的人物系统就可以。

现实人物法。以你现实生活当中熟悉的人作为记忆系统。比如：学校的同学们的座次，工作中办公室的同事座次，或者一件事情中领导者到执行者的等级顺序。

在这里给大家解答一个疑问，就是说，一组人物可以帮助我们记忆一首古

诗，十组人物帮助我们记十首古诗。或许我们现实当中能找到的人物系统，并没有那么多，所以用它来背古诗也是非常有限的。但是我们要明白一首古诗通过定位方法背完之后，刚开始是利用人物去一句一句地回忆，而当我们通过反复阅读和背诵，熟悉了之后，形成了口语化的表达，古诗就已经记了下来脱口而出。这时我们定位法的联想已经忘记，或者说已经不需要再去回忆，那么这一组人物可以重复利用，帮助我们记忆其他的信息。

数字定位记忆超长古诗

我们想方设法用有顺序的人物来定位，用有顺序的地点来定位，而我们的数字本身就是有顺序的，所以我们完全可以直接利用我们100位数字编码进行数字定位。利用数字定位的前提是把数字编码背诵得滚瓜烂熟。

琵琶行

唐　白居易

浔阳江头夜送客，枫叶荻花秋瑟瑟。
主人下马客在船，举酒欲饮无管弦。
醉不成欢惨将别，别时茫茫江浸月。
忽闻水上琵琶声，主人忘归客不发。
寻声暗问弹者谁？琵琶声停欲语迟。
移船相近邀相见，添酒回灯重开宴。
千呼万唤始出来，犹抱琵琶半遮面。
转轴拨弦三两声，未成曲调先有情。
弦弦掩抑声声思，似诉平生不得志。
低眉信手续续弹，说尽心中无限事。
轻拢慢捻抹复挑，初为霓裳后六幺。
大弦嘈嘈如急雨，小弦切切如私语。

嘈嘈切切错杂弹，大珠小珠落玉盘。
间关莺语花底滑，幽咽泉流冰下难。
冰泉冷涩弦凝绝，凝绝不通声暂歇。
别有幽愁暗恨生，此时无声胜有声。
银瓶乍破水浆迸，铁骑突出刀枪鸣。
曲终收拨当心画，四弦一声如裂帛。
东船西舫悄无言，唯见江心秋月白。
沉吟放拨插弦中，整顿衣裳起敛容。
自言本是京城女，家在虾蟆陵下住。
十三学得琵琶成，名属教坊第一部。
曲罢曾教善才服，妆成每被秋娘妒。
五陵年少争缠头，一曲红绡不知数。
钿头银篦击节碎，血色罗裙翻酒污。
今年欢笑复明年，秋月春风等闲度。
弟走从军阿姨死，暮去朝来颜色故。
门前冷落鞍马稀，老大嫁作商人妇。
商人重利轻别离，前月浮梁买茶去。
去来江口守空船，绕船月明江水寒。
夜深忽梦少年事，梦啼妆泪红阑干。
我闻琵琶已叹息，又闻此语重唧唧。
同是天涯沦落人，相逢何必曾相识！
我从去年辞帝京，谪居卧病浔阳城。
浔阳地僻无音乐，终岁不闻丝竹声。
住近湓江地低湿，黄芦苦竹绕宅生。

其间旦暮闻何物？杜鹃啼血猿哀鸣。
春江花朝秋月夜，往往取酒还独倾。
岂无山歌与村笛？呕哑嘲哳难为听。
今夜闻君琵琶语，如听仙乐耳暂明。
莫辞更坐弹一曲，为君翻作《琵琶行》。
感我此言良久立，却坐促弦弦转急。
凄凄不似向前声，满座重闻皆掩泣。
座中泣下谁最多？江州司马青衫湿。

对于《琵琶行》，经历过中学的人应该都非常熟悉。当年这首诗我是直接放弃背诵的，小学的诗只有四句，《琵琶行》相当于20多首小学诗加在一起，并且大部分诗句还比较抽象。上句下句之间往往没有太大的联系，我们不仅要把诗句背下来，还要把它们的顺序搞清楚，所以说数字定位是最好的选择。跟其他定位法一样，还是先把每一句诗的画面联想出来，诗句本身的画面是为了回忆起整句诗的内容，接下来再把诗文的画面跟编码联想到一起。

1.浔阳江头夜送客，枫叶荻花秋瑟瑟。

译文：秋夜我到浔阳江头送一位归客，冷风吹着枫叶和芦花秋声瑟瑟。

联想：01小树。我站在浔阳江头的小树下送客，树上的枫叶和荻花在风中瑟瑟发抖。

2.主人下马客在船，举酒欲饮无管弦。

译文：我下马和客人在船上饯别设宴，举起酒杯要饮却无助兴的管弦。

联想： 02铃儿。马的脖子上挂了一个铃铛，主人下马跟客人在船里举杯想喝酒，但是没有管弦乐器。

3.醉不成欢惨将别，别时茫茫江浸月。

译文：酒喝得不痛快更伤心将要分别，临别时夜茫茫江水倒映着明月。

联想：03凳子。坐在凳子上喝醉但是不痛快，想到要分别看到茫茫江面倒映着明月。

4.忽闻水上琵琶声，主人忘归客不发。

译文：忽听得江面上传来琵琶清脆声，我忘却了回归客人也不想动身。

联想：04轿车。主人忘了回去，客人开的轿车也不发动，原来是忽然听到水上有琵琶声。

5.寻声暗问弹者谁？琵琶声停欲语迟。

译文：循声轻轻探问弹琵琶的是何人，琵琶停了许久却迟迟没有动静。

联想：05手套。戴上手套，跟做贼一样，听着声音偷偷地问是谁在弹琵琶，琵琶声停了，也没人说话。

6.移船相近邀相见，添酒回灯重开宴。

译文：我们移船靠近邀请她出来相见，叫下人添酒回灯重新摆起酒宴。

联想：06手枪。划船靠近邀请见面一起添酒回灯重新摆好酒席，酒席周围一群拿枪的保镖。

7.千呼万唤始出来，犹抱琵琶半遮面。

译文：千呼万唤她才羞答答地走出来，还怀抱琵琶半遮着羞涩的脸面。

联想：07锄头。千呼万唤才开始出来，还报了个锄头遮着半张脸。

8.转轴拨弦三两声，未成曲调先有情。

译文：转紧琴轴拨动琴弦试弹了几声,尚未成曲调那形态就非常有情。

联想：08溜冰鞋。用溜冰鞋轮子的转轴拨弦发出三两声，还没成曲调就先有感情融入里面。

9.弦弦掩抑声声思，似诉平生不得志。

译文：弦弦凄楚悲切声音隐含着沉思，似乎在诉说着她平生的不得志。

联想：09猫。弹弦的一只猫声声嘶裂，好像她生平没有得志。

10.低眉信手续续弹，说尽心中无限事。

译文：她低着头随手连续地弹个不停，用琴声把心中无限的往事说尽。

联想：10棒球。棒球手低眉用手弹棒球棍，对着棒球棍诉说心中无限的事情。

11.轻拢慢捻抹复挑，初为霓裳后六幺。

译文：轻轻抚拢慢慢捻滑抹了又加挑，初弹霓裳羽衣曲接着再弹六幺。

联想：11梯子。梯子上缠了一只青龙慢慢地把黏膜敷在挑子上，挑子的前面是衣裳，后边是柳腰（鸡柳、腰子）。

12.大弦嘈嘈如急雨，小弦切切如私语。

译文：大弦浑宏悠长嘈嘈如暴风骤雨，小弦和缓幽细切切如有人私语。

联想：12椅儿。椅子上坐着大仙心急如雨，旁边坐着小仙窃窃私语。

13.嘈嘈切切错杂弹，大珠小珠落玉盘。

译文：嘈嘈声切切声互为交错地弹奏，就像大珠小珠一串串掉落玉盘。

联想：13医生。一群医生嘈嘈切切地错杂谈话，手里的大珠和小珠落到了玉盘上。

14.间关莺语花底滑，幽咽泉流冰下难。

译文：清脆如黄莺在花丛下婉转鸣唱，幽咽就像清泉在沙滩底下流淌。

联想：14钥匙。长着尖冠的黄莺在花底下被钥匙滑倒，有叶子从泉水溜冰一样到南方。

15.冰泉冷涩弦凝绝，凝绝不通声暂歇。

译文：好像水泉冷涩琵琶声开始凝结，凝结而不通畅声音渐渐地中断。

联想：15鹦鹉。冰泉太冷涩鹦鹉都快凝结了，凝结的嘴巴不通声音暂时没了。

16.别有幽愁暗恨生，此时无声胜有声。

译文：像另有一种愁思幽恨暗暗滋生，此时闷闷无声却比有声更动人。

联想：16石榴。吃石榴酸得很忧愁，暗暗生恨，这时你别出声胜似有声。

17.银瓶乍破水浆迸，铁骑突出刀枪鸣。

译文：突然间好像银瓶撞破水浆四溅，又好像铁甲骑兵厮杀刀枪齐鸣。

联想：17仪器。仪器把银瓶砸破水迸了出来，吓得铁甲骑兵突然拿出刀枪鸣枪示警。

18.曲终收拨当心画，四弦一声如裂帛。

译文：一曲终了她对准琴弦中心划拨，四弦一声轰鸣好像撕裂了布帛。

联想：18人民币。拿着人民币去中间收萝卜，当心画上的四位神仙大叫一声跟撕帛一样。

19.东船西舫悄无言，唯见江心秋月白。

译文：东船西舫人们都静悄悄地聆听，只见江心之中映着白白秋月影。

联想：19药酒。东船西舫装满了药酒悄悄地没有人说话，只看见江中心秋月的倒影很白。

20.沉吟放拨插弦中，整顿衣裳起敛容。

译文：她沉吟着收起拨片插在琴弦中，整顿衣裳依然显出庄重的颜容。

联想： 20香烟。沉吟着把拨片插入弦中，点上一支烟，整顿衣裳，收起脸上的妆容。

21.自言本是京城女，家在虾蟆陵下住。

译文：她说我原是京城歌女负有盛名，老家住在长安城东南的虾蟆陵。

联想：21鳄鱼。鳄鱼说自己是京城的美女，家就住在蛤蟆岭。

22.十三学得琵琶成，名属教坊第一部。

译文：弹奏琵琶技艺十三岁就已学成，教坊乐团第一队中列有我姓名。

联想：22双胞胎。双胞胎13岁就学会了琵琶，两个人排名都属于教坊的第一。

23.曲罢曾教善才服，妆成每被秋娘妒。

译文：每曲弹罢都令艺术大师们叹服，每次妆成都被同行歌妓们嫉妒。

联想：23篮球。去把打篮球的曾教练扇彩服拿来，装成很美被秋娘嫉妒。

24.五陵年少争缠头，一曲红绡不知数。

译文：京都豪富子弟争先恐后来献彩，弹完一曲收来的红绡不知其数。

联想：24闹钟。闹钟一响，五陵少年争着上船头，一捆红绡不知其数。

25.钿头银篦击节碎，血色罗裙翻酒污。

译文：钿头银篦打节拍常常断裂粉碎，红色罗裙被酒渍染污也不后悔。

联想：25二胡。二胡把钿头银篦一节一节击碎，打翻了酒弄脏了血色的罗裙。

26.今年欢笑复明年，秋月春风等闲度。

译文：年复一年都在欢笑打闹中度过，秋去春来美好的时光白白消磨。

联想：26二牛。两头牛年复一年地欢笑，秋月春风被白白浪费。

27.弟走从军阿姨死，暮去朝来颜色故。

译文：兄弟从军姊妹死家道已经破败，暮去朝来我也渐渐地年老色衰。

联想：27耳机。戴着耳机的弟弟走去从军杀死了阿姨，暮去朝来阿姨的颜色渐渐衰败。

28.门前冷落鞍马稀，老大嫁作商人妇。

译文：门前车马减少光顾者落落稀稀，青春已逝我只得嫁给商人为妻。

联想：28恶霸。门前冷落鞍马稀少，老大进门嫁给恶霸商人当老婆。

29.商人重利轻别离，前月浮梁买茶去。

译文：商人重利不重情常常轻易别离，上个月他去浮梁做茶叶的生意。

联想：29阿胶。卖阿胶的商人看重利益轻易离别，上个月去浮梁买茶了。

30.去来江口守空船，绕船月明江水寒。

译文：他去了留下我在江口孤守空船，秋月与我做伴绕舱的秋水凄寒。

联想：30三轮车。骑着三轮车去江口守空船，绕着船的只有明月和寒冷的江水。

31.夜深忽梦少年事，梦啼妆泪红阑干。

译文：更深夜阑常梦少年时作乐狂欢，梦中哭醒啼泪纵横污损了粉颜。

联想：31山药。夜晚抱着山药睡觉忽然梦见年轻时的事，梦中啼哭花了妆流到红“栏杆”。

32.我闻琵琶已叹息，又闻此语重唧唧。

译文：我听琵琶的悲泣早已摇头叹息，又听到她这番诉说更叫我悲凄。

联想：32扇儿。我手拿扇儿听着琵琶声叹息，又听到这语言更加唧唧歪歪。

33.同是天涯沦落人，相逢何必曾相识！

译文：我们俩同是天涯沦落的可悲人，今日相逢何必问是否曾经相识。

联想：33灯泡。站在天涯上的沦落人手里拿了个灯泡，今天跟灯泡相逢何必曾经相识。

34.我从去年辞帝京，谪居卧病浔阳城。

译文：自从去年我离开繁华长安京城，被贬居住在浔阳江畔常常卧病。

联想：34绅士。绅士去年辞别京城，来到浔阳城居住在这里经常生病。

35.浔阳地僻无音乐，终岁不闻丝竹声。

译文：浔阳这地方荒凉偏僻没有音乐，一年到头听不到管弦的乐器声。

联想：35山虎。浔阳城地处偏僻没有音乐，只有老虎，终年听不到丝竹的声音。

36.住近湓江地低湿，黄芦苦竹绕宅生。

译文：住在湓江这个低洼潮湿的地方，第宅周围黄芦和苦竹缭绕丛生。

联想：36三鹿奶粉。住在湓江地带又低又湿，黄芦和苦竹围绕着宅子生长，宅子里有一罐三鹿奶粉。

37.其间旦暮闻何物？杜鹃啼血猿哀鸣。

译文：在这里早晚能听到的是什么呢？尽是杜鹃猿猴那些悲凄的哀鸣。

联想：37山鸡。这里早晚能听到山鸡叫，还能听到杜鹃猿猴的哀鸣。

38.春江花朝秋月夜，往往取酒还独倾。

译文：春江花朝秋江月夜那样好光景，也无可奈何常常取酒独酌独饮。

联想：38妇女。妇女在春江边赏花赏月，经常取酒来独自喝。

39.岂无山歌与村笛？呕哑嘲哳难为听。

译文：难道这里就没有山歌和村笛吗？只是那音调嘶哑粗涩实在难听。

联想：39感冒灵。唱山歌的吹村笛的就像感冒了一样，呕哑嘲哳很难听。

40.今夜闻君琵琶语，如听仙乐耳暂明。

译文：今晚我听你弹奏琵琶诉说衷情，就像听到仙乐眼也亮来耳也明。

联想：40司令。 晚上听到司令弹琵琶就如同听到仙乐一样，耳朵都明了。

41.莫辞更坐弹一曲，为君翻作《琵琶行》。

译文：请你不要推辞坐下来再弹一曲，我要为你创作一首新诗《琵琶行》。

联想：41石椅。不要推辞，坐在石椅上再弹一曲，我为你写一首《琵琶行》。

42.感我此言良久立，却坐促弦弦转急。

译文：被我的话所感动她站立了好久，回身坐下再转紧琴弦拨出急声。

联想：42西红柿。被我的话感动站在那里好久，回身坐下琴弦弦声很急，我真想扔你一西红柿。

43.凄凄不似向前声，满座重闻皆掩泣。

译文：凄凄切切不再像刚才那种声音，在座的人重听都掩面哭泣不停。

联想：43石山。石山上发出凄凄的声音，原来满座都在哭泣。

44.座中泣下谁最多？江州司马青衫湿。

译文：要问在座之中谁流的眼泪最多？我江州司马泪水湿透青衫衣襟！

联想：44蛇。座中哭得最厉害的是江州司马，青蛇做的衬衫都湿了。

第六节　古文记忆

古文的记忆步骤跟古诗的记忆步骤一样，不过古文要比古诗难一些，一方面是因为通常情况下的古文文字会比较多，另一方面，它不像古诗一样平仄押韵，每一句的字数都一样多，有规律。对于像白话文一样很好理解的古文内容，可以直接通过理解记忆或者记忆文章所表达的图像；读起来比较拗口的内容，我们就利用谐音的方式转化成白话文，再记忆所转化的白话文内容即可。

古文的谐音转化

例：

是以谓之文也。

联想：石蚁喂只蚊——石头蚂蚁喂了一只蚊子。

何有于我哉？

联想：河有鱼我栽——河里有鱼我一头栽下去了。

不患人之不己知，患不知人也。

联想：不换人织布己织，换布织人——不用换人来织布，自己织，换成布织人。

照见五蕴皆空，度一切苦厄。

联想：照见乌云皆空，肚一些哭鳄——照见乌云都是空的，肚子里有一些哭的鳄鱼。

这样的联想方式会有个别人觉得对古文太过于扭曲，尤其是对古文文章本意研究比较深入的人，是比较排斥这种方式的。他们会觉得我们这样直接把古文的原意曲解成一个没有任何意义、跟原文大意没有任何联系的画面，会严重误导我们对文章内容的理解，不利于古文的学习。其实对于这样的联想方式记忆古文没必要有任何的担心，首先在你没有尝试的情况下，仅凭借自己的第一感觉否定这个方法，那你就失去了一次尝试新方法的机会。再者，我们记忆古文的步骤跟记忆古诗一模一样，需要先理解，所谓理解就是要把单字的解释、整句话的意思都进行一个透彻的熟悉，后面转化成白话文，我们是为了利用白话文所产生的简单图像，图像在这里只参与记忆，不参与理解。所以理解是理解，记忆是记忆，这种情况下，两者可以区分开来。

人物定位法记忆《论语》

《论语》大部分是一句一句分开没有顺序的，我们用定位法可以实现连续大篇幅的背诵。我们之前用过的一套人物系统：爷爷、奶奶、爸爸、妈妈、我、六小龄童、七仙女、猪八戒。通常情况下定位系统的元素，如果要记忆长久记忆的信息我们不要频繁重复利用，不同信息之间会造成混淆，偶尔使用可以允许。利用这八个人物提示我们，每一个人对应一句话，句子原文理解记忆即可。

子曰："吾十有五而志于学，三十而立，四十而不惑，五十而知天命，六十而耳顺，七十而从心所欲不逾矩。"

译文：我十五岁开始立志学习，三十岁能自立于世，四十岁遇事就不迷惑，五十岁懂得了什么是天命，六十岁能听得进不同的意见，到七十岁才能达到随心所欲，想怎么做便怎么做，也不会超出规矩。

联想：本句是讲孔子的一生中，每个年龄阶段的特点，我们可以联想爷爷经历过这么多事情，回忆自己一生，再根据自己的理解就可以通过爷爷回忆起整句话。

子曰："德不孤，必有邻。"

译文：有道德的人是不会孤单的，一定有志同道合的人来和他相伴。

联想：奶奶退休在家不孤单，因为有邻居聊天。

子曰："父在，观其志。父没，观其行。三年无改于父之道，可谓孝矣。"

译文：父亲在世的时候，看他的志向；父亲去世以后，看他的行为，在父亲去世多年以后，他仍然没有忘记父亲的教诲，就算得上是有孝心的人了。

联想：爸爸就是父，直接联想爸爸对我的教导。

子曰："父母在，不远游，游必有方。"

译文：父母在世的时候，不出远门去求学、做官，万一要出远门，必须有一定的去处。

联想：妈妈就是母，儿行千里母担忧。

子曰："敏而好学，不耻下问，是以谓之文也。"

译文：聪敏又勤学，不以向职位比自己低、学问比自己差的人求学为耻辱，这样就可以称之为"文"了。（所以可以用"文"字作为他的谥号。）

联想：我自己聪敏而且作为学生应该好好学习。对于拗口的最后一句，我们可以转化一下：是以谓之文=石蚁喂只蚊（图像只供记忆，不参与原文理解）。

子曰："三人行，必有我师焉，择其善者而从之，其不善者而改之。"

译文：几个人一同走路，其中必定有可以做我的老师，我要选择他们的长处来学习，看到自己有他们的那些短处就要改正。

联想：六小龄童孙悟空一共是兄弟三人，扬善除恶。

子曰："君子成人之美，不成人之恶。小人反是。"

译文：君子通常成全他人的好事，不破坏别人的事，而小人却与之完全相反。

联想：七仙女长得很美。

子曰："不在其位，不谋其政。"

译文：不在那个职位上，就不去考虑那个职位上的事。

联想：猪八戒当官，不坐在位子上。

地点定位法记忆《论语》

找五个地点即可：门、窗户、投影、白板、课桌。

子曰："见贤思齐焉，见不贤而内自省也。"

译文：见到贤能的人就要（努力向他）看齐，见到不贤能的人就要（以他为反面教材）做自我反省。

联想：个子很矮的一个人打开门见到高个子姚明希望跟他看齐，长得一样高。

子曰："知者乐水，仁者乐山；知者动，仁者静；知者乐，仁者寿。"

译文：聪明的人喜欢水，仁德的人喜欢山。聪明的人好动，仁德的人恬静。聪明的人快乐，仁德的人长寿。

联想：窗户上有山有水。水是动的，动的才欢乐；山是静的，静的才长寿。

子曰："君子坦荡荡，小人长戚戚。"

译文：君子心胸开阔，神定气安。小人斤斤计较，患得患失。

联想：投影旁边的老师就是君子，他在批评一个小人。

子曰："岁寒，然后知松柏之后凋也。"

译文：到了每年天气最冷的时候，就知道其他植物多都凋零，只有松柏挺拔、不落。

联想：白板上长出了松树和柏树。

子曰："人无远虑，必有近忧。"

译文：没有长远的打算，那么近期的事情就会多有忧虑，可理解为，人一直没有长远的考虑，那忧患一定近在眼前。

联想：课桌前坐了一位忧愁的同学。

数字定位法记忆《论语》

子曰："知之者不如好之者，好之者不如乐之者。"

译文：对于学习，了解怎么学习的人，不如喜爱学习的人；喜爱学习的人，又不如以学习为乐的人。

联想：01小树，一群爱学习的人在小树下学得很享受、很快乐。

子曰："温故而知新，可以为师矣。"

译文：温习旧的知识，进而懂得新的知识，这样的人可以做老师了。

联想：02铃儿，下课铃儿响了，先别急着下课，复习一下，温故知新。

子曰："默而识之，学而不厌，诲人不倦，何有于我哉！"

译文：把所学的知识默默地记在心中，勤奋学习而不满足，教导别人而不倦怠，对我来说，还有什么遗憾呢？

联想：03凳子，坐在凳子上学习不疲倦，突然看见河里有鱼我逮住它。"何有于我哉"转化成"河有鱼我逮"。

子曰："有德者必有言，有言者不必有德；仁者必有勇，勇者不必有仁。"

译文：有德行的人一定有善言，有善言的人却不一定有德行；有仁德的人必然勇敢，但勇敢的人不一定有仁德。

联想：04轿车，开车的人一定要有品德，不能开车太勇猛。

子曰："不患人之不己知，患不知人也。"

译文：不要担心别人不了解自己，只要担心自己不了解别人。

联想：05手套，织布织的就是手套。"不患人之不己知"转化成"不换人织布己织"，不用换人来织布，自己织就好了。"患不知人"转化成"换布织人"，换成布织人。

绘图记忆古文

绘图记忆法可以说在所有信息的记忆当中都非常适用。叙事类的古文，通常不建议用绘图记忆法，因为相同的人物、事物会反复出现，如果都画出来，重复出现的图像对我们记忆的提示没有太大意义，比如中学古文《陈太丘与友期行》《狼》，这一类古文通过故事的发展，理解记忆，在不太熟练的语句中提取关键词或提取句子的第一个字，用串联故事法或者定位法记忆关键词顺序，提示自己背诵即可。而对于一些描述性的文章，我们完全可以用绘图记忆法对于文章所描述的事物进行绘画，再根据我们的绘图回忆文章，比如中学古文《蜀道难》《核舟记》。如果文章内容较多，文字过长，我们可以分片段绘画，把文章一段一段各个击破。

陋室铭

唐　刘禹锡

山不在高，有仙则名。水不在深，有龙则灵。斯是陋室，惟吾德馨。苔痕上阶绿，草色入帘青。谈笑有鸿儒，往来无白丁。可以调素琴，阅金经。无丝竹之乱耳，无案牍之劳形。南阳诸葛庐，西蜀子云亭。孔子云：何陋之有？

译文：

山不在于高，有了神仙就出名。水不在于深，有了龙就显得有了灵气。这是简陋的房子，只是我（住屋的人）品德好（就感觉不到简陋了）。长到台阶上的苔痕颜色碧绿；草色青葱，映入帘中。到这里谈笑的都是知识渊博的大学者，交往的没有知识浅薄的人，平时可以弹奏清雅的古琴，阅读泥金书写的佛经。没有奏乐的声音扰乱双耳，没有官府的公文使身体劳累。南阳有诸葛亮的草庐，西蜀有扬子云的亭子。孔子说："这有什么简陋呢？"

绘图记忆：

解图：惟吾德馨谐音“威武的心”，白丁望文生义“白色的钉子”，陋谐音增减字“漏斗”。其他全是文章表达的内容。

兰亭集序

魏晋 王羲之

永和九年，岁在癸丑，暮春之初，会于会稽山阴之兰亭，修禊事也。群贤毕至，少长咸集。此地有崇山峻岭，茂林修竹，又有清流激湍，映带左右，引以为流觞曲水，列坐其次。虽无丝竹管弦之盛，一觞一咏，亦足以畅叙幽情。

译文：永和九年，时在癸丑之年，三月上旬，我们会集在会稽郡山阴城的兰亭，为了做禊事。众多贤才都汇聚到这里，年龄大的小的都聚集在这里。兰亭这个地方有高峻的山峰，茂盛的树林，高高的竹子。又有清澈湍急的溪流，辉映环绕在亭子的四周，我们引溪水作为流觞的曲水，排列坐在曲水旁边，虽然没有演奏音乐的盛况，但喝点酒，作点诗，也足够来畅快叙述幽深内藏的感情了。

绘图记忆：

解图：一杯九年的永和豆浆，碎在（岁在）一个很丑的鬼（癸丑）的头上。春天会稽山北边的亭子里，有个睡觉的表情，表示休息（修禊），一老一少有才华的贤者聚集在这里。这里的山上长满了树木和竹子，山上流下的溪水映带着两边的花，竹筒取水，周围坐着吹笛子的人，举着酒杯的人，并且一个人的足上长出了油青（幽情）的长胡须（畅叙）。

是日也，天朗气清，惠风和畅。仰观宇宙之大，俯察品类之盛，所以游目骋怀，足以极视听之娱，信可乐也。

译文：这一天，天气晴朗，和风温暖，仰首观览到宇宙的浩大，俯看观察大地上众多的万物，用来舒展眼力，开阔胸怀，足够来极尽视听的欢娱，实在很快乐。

绘图记忆：

图解：太阳（日）下的云彩（天）吹出风，上（仰）面是巨大的宇宙，下（俯）面是繁盛的品类，旁边的蚂蚁（所以）转眼珠（游目），撑开怀抱（骋怀），踩在电视（视听）上。

夫人之相与，俯仰一世。或取诸怀抱，悟言一室之内；或因寄所托，放浪形骸之外。虽趣舍万殊，静躁不同，当其欣于所遇，暂得于己，快然自足，不知老之将至；及其所之既倦，情随事迁，感慨系之矣。向之所欣，俯仰之间，已为陈迹，犹不能不以之兴怀，况修短随化，终期于尽！古人云："死生亦大矣。"岂不痛哉！

译文：人与人相互交往，很快便度过一生。有的人从自己的情趣思想中取出一些东西，在室内（跟朋友）面对面地交谈；有的人通过寄情于自己精神情怀所寄托的事物，在形体之外，不受任何约束地放纵生活。虽然各有各的爱好，安静与躁动各不相同，但当他们对所接触的事物感到高兴时，一时感到自得，感到高兴和满足，竟然不知道衰老将要到来。等到对得到或喜爱的东西已经厌倦，感情随着事物的变化而变化，感慨随之产生。过去所喜欢的东西，转瞬间，已经成为旧迹，尚且不能不因为它引发心中的感触，况且寿命长短，听凭造化，最后归结于消灭。古人说："死生毕竟是件大事啊。"怎么能不让人悲痛呢？

谐音转化：夫人指项羽，抚养一世，或取猪怀抱，屋檐一室之内，或银鸡所托，防狼形骸之外。虽趣舍万书，青枣不同，袑骑新鱼锁玉，暂得虞姬，快然自足，不知老之将至。机器锁指鸡圈，请随时迁，赶快洗纸艺。箱子锁心，抚养指尖，以为成绩， 鱿不能不倚着杏坏，筐修短碎花，终期于尽。古人云：死生亦大矣。岂不痛哉！

转化解释：夫人指着项羽，抚养了他一世，从怀抱里取出一个猪，放到一个屋的屋檐之内，托着一只银鸡，防狼的形骸在外。虽然有趣的宿舍里有一万本书，青枣不同，袑下骑着新鱼锁着玉，暂时得到虞姬，很高兴，不知道马上就老了。机器锁指着鸡圈，请跟随着时迁，赶快去洗纸做的工艺。箱子里锁着个心，抚养着指尖，以为是自己的成绩，鱿鱼不能不倚着杏，杏被压坏，筐里修剪了一些短碎花，日历表已到最后一天。古人云：死生亦大矣。岂不痛哉！

绘图记忆：

每览昔人兴感之由，若合一契，未尝不临文嗟悼，不能喻之于怀。固知一死生为虚诞，齐彭殇为妄作。后之视今，亦犹今之视昔，悲夫！故列叙时人，录其所述，虽世殊事异，所以兴怀，其致一也。后之览者，亦将有感于斯文。

译文：每当看到前人所发感慨的原因，其缘由像一张符契那样相和，总难免要在读前人文章时叹息哀伤，不能明白于心。本来知道把生死等同的说法是不真实的，把长寿和短命等同起来的说法是妄造的。后人看待今人，也就像今人看待前人，可悲呀。所以一个一个记下当时与会的人，录下他们所作的诗篇。纵使时代变了，事情不同了，但触发人们情怀的原因，他们的思想情趣是一样的。后世的读者，也将对这次集会的诗文有所感慨。

谐音转化：美蓝西人性感自由，若喝一汽，未尝不临门接倒，不能玉指于怀。固执一死生为虚蛋，齐碰伤为王做。厚纸十斤，一鱿金指石溪，背夫，故列序十人，录其所述，虽师叔十亿，所倚杏坏，骑纸一页，厚纸拦着，亦将有感于斯文。

转化解释： 美丽的蓝色西方人性感自由，如同喝了一瓶汽水，没有品尝就面临门口接着倒掉了，不能用玉指指着怀里，很固执的一辈子跟一个虚鸡蛋一样，一齐碰伤是大王做的，很厚的纸有十斤，一个鱿鱼用金手指指石头小溪，背东西的农夫面前一列十个人，记录他们所述，虽然师叔有十亿，所倚地杳坏了，骑着一页纸，厚纸拦着他，也将对这诗文有所感慨。

绘图记忆：

第七节　易错字区分

易读错字

我们经常会有些字张口即错，在平时的交流中出现如果对方没发现或者发现了并没有指出也就罢了，一旦被指出还是比较尴尬的，但是在中学考试中如果错误就不仅仅是尴尬了，那可直接关系到我们的中高考分数。平时的交流即使你说错了读音，往往对方也能知道你想表达的是什么，但是考试，对就是对，错就是错。

我们通常把易读错字分为以下几类：

1.根本就不认识，瞎猜。这是识字量的问题，一些生僻字出现，有些人就懒得查阅直接自己定义一个读音。例如：猹[chá]，易读成[zhā]；罹难[lí nàn]，更是读得乱七八糟。这样的字出现查查字典多读几遍就好了，和小时候初识汉字一样。

2.口语惯用错误。生活中有好多字词经常被广大人民用错，导致大家读成习惯，感觉读起来非常顺口，反而正确读音让人读着非常不习惯。例如：压轴[yā zhòu]，易读成[yā zhóu]；一模一样[yī mú yī yàng]，易读成[yī mó yī yàng]，这一个词语著名电视节目主持人的错误率都极高。

3.只读一半。形声字有个特点，去掉偏旁，剩下的部分读音跟原字一样。很多人喜欢按照这样的方式，对不认识的字只读一半。例如：濒临[bīn lín]，易读成[pìn lín]；何鸿燊[hé hóng shēn]，易读成[hé hóng yán]。

4.多音字傻傻分不清。一个字有两个声调，这样的最费劲。例如：兴奋[xīng fèn]，容易在[xīng fèn]和[xìng fèn]之间犹豫；应届[yīng jiè]，容易在[yīng jiè]和[yìng jiè]之间分不开。

对于以上问题，我们区分的办法有两种，第一种是多读，形成口语化的习惯，这种方式比较机械，而且对于多音字分不清和口语习惯还是不易纠正。第二种方式是比较正式的方法，谐音转化成“自创熟词”。我们根据原词的正确读音，替换掉原来读音的字，形成一个跟原词读音一模一样的新词语，而这个新词语尽可能有图像，图像就可以辅助我们区分正确读音，直接举例来看。

例：

应届[yīng jiè]——准确谐音词“鹰界”，老鹰的世界。

“鹰界”这个词语可能我们在生活中很少用到，但是因为图像具体，如果在考试中看到“应届”这个词语，可以大体读一下，就能想到我们自创的词语“鹰界”，从而确定读音。“鹰界”不参与理解，只是起到提示正确读音的作用。谐音成“鹰戒”，鹰的戒指；“英界”，英国边界等都可以，只要读音一模一样即可。

例：

兴奋[xīng fèn]——准确谐音词“猩粪”，猩猩的大粪。有图像。

压轴[yā zhòu]——准确谐音词“鸭咒”，鸭子在念咒。有图像。

逮捕[dài bǔ]——准确谐音词“袋补”，袋子需要补。有图像。

小试牛刀

第一个读音为正确音，第二个读音为易误读音

称心　chèn chèng

记忆联想：衬新，衬衫很新。

重创　chuāng chuàng

记忆联想：重窗，很重的窗。

场院　cháng chǎng

记忆联想：长院，很长的院子。

憧憬　chōng chóng

记忆联想：冲警，冲锋警察。

逮捕　dài dǎi

记忆联想：袋补，袋子要补。

呆板　dāi ái

记忆联想：发呆的木板。

氛围　fēn fèn

记忆联想：分围，分别围绕。

果脯　fǔ pǔ

记忆联想：国府，国家一样大的王府。

负荷　hè hé

记忆联想：负鹤，背负仙鹤。

教诲　huì huǐ

记忆联想：教会，传教集会。

可汗　kè hán kě hán

记忆联想：客寒，客人寒冷。

矩形　jǔ jù

记忆联想：举行。

龟裂　jūn guī

记忆联想：军列。

押解　jiè jiě

记忆联想：鸭界，鸭的世界。

离间　jiàn jiān

记忆联想：梨剑，梨木做的剑。

通缉　jī jí

记忆联想：通机，打通飞机。

脊梁　jǐ jí

记忆联想：挤粮，挤压粮食。

翘望　qiáo qiào

记忆联想：桥望，站在桥上望。

莘莘学子　shēn xīn

记忆联想：深深靴子。

千里迢迢　tiáo zhāo

记忆联想：千鲤条条。

兴奋　xīng xìng

记忆联想：猩粪。

洞穴 xué xuè

记忆联想：洞学，洞里学习。

应届 yīng yìng

记忆联想：鹰届。

晕船 yùn yūn

记忆联想：运船。

因为 wéi wèi

记忆联想：音围，音乐围绕。

符合 fú fǔ

记忆联想：扶盒，扶着盒子。

混水摸鱼 hún hùn

记忆联想：混水里摸鱼。

处女座 chǔ chù

记忆联想：楚女，楚楚动人的女孩。

亲家 qìng qìn

记忆联想：庆家，庆祝的家里。

处理 chǔ chù

记忆联想：楚里，清楚地看到里面。

汗流浃背 jiā

记忆联想：汗流夹住了背部。

倔强 jué jiàng

记忆联想：绝降，绝对下降。

挑剔 tī

记忆联想：挑梯，挑着梯子。

载歌载舞 zài

记忆联想：再歌再舞，再唱歌再跳舞

易写错字

易写错字中分为错字和别字，一个字如果直接写错了那应该是小学没好好听语文课，我们更多的是容易写别字，这种情况通常是对词语本身的意思没有准确的理解，望文生义造成。比如："关怀备至"在成人中的错误率要远高于中学生，很多人容易写成"关怀倍至"。乍一看到，立马想到的意思应该是关怀要加倍地到，所以应该是加倍的倍，而正确的意思是关怀周全、无微不至，备指的是周备、周全。理解的弱点在于，大量的理解短时间消化困难，容易遗忘，拿捏不准，而我们可以用联想的方式，对容易写错的字进行联想记忆，回忆时有提示点会增大我们的正确率。

例：

关怀备至　易写成　关怀倍至

联想："关"和"备"，想到关羽刘备，他们是兄弟，不能分开，所以看到关羽的关就想到刘备的备。

联想的关键在于，我们通过易错字联想到一个跟这个字有关的、我们熟悉的、常见而不会搞错的人物或者事物，以此来提示自己。

小试牛刀

安装　按装

记忆联想：安全地安装。

甘拜下风　甘败下风

记忆联想：甘拜下风的结果就是你得拜拜了。

一鼓作气　一股作气

记忆联想：第一次敲鼓就振作士气。

打蜡　打腊

记忆联想：甲壳虫表面似乎都有一层蜡。

脉搏　脉博

记忆联想：脉搏在手上。

震撼　震憾

记忆联想：手感觉到物体在震撼。

鼎力相助　鼎立相助

记忆联想：用举鼎的力量帮助。

凑合　凑和

记忆联想：两个东西合在一起叫凑合。

川流不息　穿流不息

记忆联想：河川流淌不息。

度假村　渡假村

记忆联想：度假村一般温度很柔和。

挖墙脚　挖墙角

记忆联想：挖墙脚是为了让墙倒塌。

美轮美奂　美仑美奂

记忆联想：美轮没换（美丽的轮子没换）。

一诺千金　一诺千斤

记忆联想：一部诺基亚1000元钱。

竣工　峻工

记忆联想：竣工时立起一面很俊的大旗。

明信片　名信片

记忆联想：姚明的明信片。

大拇指　大姆指

记忆联想：大拇指在手上。

金榜题名　金榜提名

记忆联想：要想金榜题名就要疯狂做题。

出其不意　出奇不意

记忆联想：望文生义，出现其他人不要在意。

九州　九洲

记忆联想：酒粥，用酒熬的粥不用水。

谈笑风生　谈笑风声

记忆联想：一笑嘴里就生风。

人情世故　人情事故

记忆联想：人世间的人情世故。

关怀备至　关怀倍至

记忆联想：关羽刘备。

平心而论　凭心而论

记忆联想：邓小平跟大家平心而论。

百炼成钢　百练成钢

记忆联想：钢是用火炼出来的。

英雄辈出　英雄倍出

记忆联想：英雄出来的都是年轻人小辈。

百尺竿头　百尺杆头

记忆联想：百尺竹竿的竿头。

出人头地　出人投地

记忆联想：长出人头的地。

拿破仑　拿破伦

记忆联想：拿破仑是天才，不是人。

礼尚往来　礼上往来

记忆联想：礼尚往来是高尚的事。

第八节　如何记忆一本书

精确记忆一本书的文字

很多记忆大师经历了世界赛之后，为了能给大家一个明显的记忆能力展示，都选择了记忆一本书《道德经》。我在参加世界赛之前就已经用一半的“死记硬背”和一半的记忆方法记完了这本书，只用了五天时间，就可以做到任意判断一句话在《道德经》这本书的第几章、第几页、第几句。之所以能这么精确地知道文字内容所在的位置，很显然这是应用定位法的结果。对于文字内容的记忆，比较拗口的文字可以在理解的基础上利用抽象词转化形象词的方法转化记忆，但是一句话如果要背诵得非常熟练就必须多读，增加口语化表达的感觉。在这里我要说一点，有些人听到把一本书都能背过之后觉得非常佩服，但是一听我们使用的记忆方法，就提出质疑，利用这样的方式背诵的东西都进行了“曲解”，跟原来的解释完全不沾边，难道不会影响学生的理解能力吗？不就失去了背诵古文原来的意义吗？第一，背诵之前先理解，这是我们记忆方法的步骤之一，转化的图像、故事与原文的意义不需要沾边，图像只参与记忆，不参与理解，理解是我们茶余饭后慢慢品味的事情；第二，一个厨子不会背诵任何古文也不会影响他做的饭菜的味道，也就是记忆古文本就不是单单为了记住它们的文字让自己随时卖弄，而是为了通过一本书的记忆锻炼我们记忆的能力和解决问题的思路，甚至体会坚持的可贵、做事方法的重要性等，把这些感悟和能力延伸到我们生活、学习、工作的其他事情中去，以增加我们的信心，树立目标感。比如我记完一本书后，自己做过了，真实地体会到结果都是坚持出来的，所以我在参加世界赛前从来没有觉得自己有可能不会成记忆大师，即使在训练低谷阶段我也知道只是自己的努力还不到位。所以我们不能只限于那一点点所谓“纯理解”和背一本书能不能当饭吃。接下来以《道德经》为例进行一本书精确记忆的理解。

记忆效果

任意听到一句话就可以确定是这句话在第几页、第几章、第几句，或者被提问第几章的第几句可以快速回忆是哪一句。

记忆方法

数字定位：能确定内容是第几章、第几页。

万物定位：能确定每一章的任意一句内容。

绘图方法：增加记忆的印象和准确度。

对于第几章在第几页，我们用数字编码做配对联想即可。为了能快速地回忆某一章的内容，我们直接利用数字编码进行定位，对于这一章的具体语句，有几句话，我们就把对应的数字编码图像拆分成几个部分，每一个部分对应一句话联想就可以了。我们以《道德经》中的两章内容作为案例进行讲解。

例：《道德经》第八章

上善若水。

水善利万物而不争，处众人之所恶，故几於道。

居善地，心善渊，与善仁，言善信，正善治，事善能，动善时。

夫唯不争，故无尤。

[译文]

最善的人好像水一样。水善于滋润万物而不与万物相争，停留在众人都不喜欢的地方，所以最接近于“道”。最善的人，居处最善于选择地方，心胸善于保持沉静而深不可测，待人善于真诚、友爱和无私，说话善于格守信用，为政善于精简处理，能把国家治理好，处事善于发挥所长，行动善于把握时机。最善的人所作所为正因为有不争的美德，所以没有过失，也就没有怨咎。

[注释]

上善若水：上，最的意思。上善即最善。这里老子以水的形象来说明"圣人"是道的体现者，因为圣人的言行有类于水，而水德是近于道的。

处众人之所恶：即居处于众人所不愿去的地方。

几于道：几，接近。即接近于道。

渊：沉静、深沉。

与：指与别人相交相接。

善：善于。

仁：修养。

政：为政，当政。

治：治理。

动：行为动作善于把握有利的。

时：时机。

尤：怨咎、过失、罪过。

绘图：

解图：

在这里我们用08溜冰鞋或者8葫芦均可。

第一句，葫芦喷出扇（善）形的水。

第二句，水滋养万物，一个人伸着倒着的拇指（恶）拿着刀（道）。

第三句，锯（居）割心，心里一只鱼（与）瞪着眼（言）挣（政）食（事），鱼线是黑洞（动）。

第四句，古筝（争）旁边一只鱿（尤）鱼。

例：《道德经》第六十四章

其安易持，其未兆易谋，其脆易泮，其微易散。

为之於未有，治之於未乱。

合抱之木生於毫末。九层之台起於累土。千里之行始於足下。

为者败之，执者失之。

是以圣人无为故无败，无执故无失。

民之从事常於几成而败之。

慎终如始则无败事。

是以圣人欲不欲，不贵难得之货，学不学，复众人之所过。

以辅万物之自然而不敢为。

[译文]

局面安定时容易保持和维护，事变没有出现迹象时容易图谋；事物脆弱时容易消解；事物细微时容易散失；做事情要在它尚未发生以前就处理妥当；治理国政，要在祸乱没有产生以前就早做准备。合抱的大树，生长于细小的萌芽；九层的高台，筑起于每一堆泥土；千里的远行，是从脚下第一步开始走出来的。有所作为的将会招致失败，有所执着的将会遭受损害。因此，圣人无所作为所以也不会招致失败，无所执着所以也不遭受损害。人们做事情，总是在快要成功时失败，所以当事情快要完成的时候，也要像开始时那样慎重，就没有办不成的事情。因此，有道的圣人追求人所不追求的，不稀罕难以得到的货物，学习别人所不学习的，补救众人经常犯的过错。这样遵循万物的自然本性而不会妄加干预。

[注释]

泮：泮，散，解。

毫末：细小的萌芽。

累土：堆土。

学：这里指办事有错的教训。

绘图：

解图：

64编码柳丝，但因内容多，把柳丝直接转化成柳树，图像顺序从左顺时针到右。

第一句，关键词安、未、脆、微，谐音“安慰小微”。

第二句，蘑菇上一只老鼠（治之，谐音“吱吱”）毛很乱，手围着胃（未）。

第三句，树干（合抱之木）上有九层台阶，上面一位行走的人。

第四句，柳丝围着白旗（败），托（执）着柿（失）子。

第五句，树顶上诸葛亮（圣人）羽扇一挥从未失败，拿（执）着柿（失）子。

第六句，树枝上农民搭积木（几成）快完成了塌（败）了。

第七句，树梢上肾（慎）里面有便便（屎）。

第八句，树洞里的圣人在下雨（欲）天拿着元宝（难得之货），还有书在学习。

第九句，花花草草世间万物不要打扰（不敢为）。

三小时理解记忆一本书

三小时就可以完成一本书的理解记忆，在我一开始仅仅去练习记忆方法时，对此感到非常不可思议，但后来我自己尝试过后发现，这样的结果并不是让我们一字不漏地把书的内容记下来，而是运用记忆方法的记忆能力和思维导图的梳理能力，将一本书的知识点梳理出来，并且理解记忆所有内容，这一点是完全可以做到的。理解能力和记忆能力都很重要，但在我们的成长当中我们最终需要发展的是理解能力，也就是逻辑分析能力，逻辑分析能力的提高就不仅仅局限于书本上的考试题目了，它是我们今后做任何事情的关键能力。记忆方法记的是知识点，这是我们获得知识的基本技能，但最终记忆方法的应用是在为了记住知识点而不断联想转化的过程中锻炼我们的逻辑分析能力。

理解记忆一本书的步骤：

1.阅读、理解书中的所有知识点内容，必要时还要结合书中讲到的内容进行拓展。

2.对书中的内容进行分析归纳，内容再多也能分成若干个大部分，一般不超过七个部分。

3.在全书归纳的基础上，再对每一个部分所讲内容继续分解、归纳，直到接近基础记忆知识点。

4.以树状图或思维导图的形式将所有内容概括展示出来，以起到对概括性内容的直观了解，理顺信息与信息之间的关联，在大脑中清晰构建知识结构。

5.用记忆方法记忆具体的知识点。

以七年级历史下册内容为例：

七年级历史（下册）

★第一课　繁盛一时的隋朝

1.大运河的开通

（1）时间与人物：隋炀帝从605年起，开通了一条纵贯南北的大运河。【联想：羊（炀）又领我（605）去开通大运河。】

（2）运河三点：隋朝大运河以洛阳为中心，北达涿郡，南至余杭全长两千多公里，是古代世界最长的运河。（联想：北到南涿、洛、余，谐音“捉罗鱼”，在京杭大运河里从北走到南捉住了罗非鱼。）

（3）隋朝大运河分为四段：永济渠、通济渠、邗沟、江南河，并连接五大河：海河、黄河、淮河、长江、钱塘江。（联想：五大河海、黄、淮、长、钱，谐音“黄海怀长钱”，黄海的怀里有一串长钱。）

（4）大运河的开通作用：①加强了南北交通；②巩固了隋王朝的统治；③大大促进我国南北经济的交流。【联想：关键词交通、统治、经济，隋炀帝（统治）在大运河上坐着船（交通）从南到北卖东西（经济）。】

★第二课　“贞观之治”

1.隋朝灭亡：618年，隋炀帝在江都被部将杀死，隋朝灭亡。

2.唐朝的建立：618年，李渊在太原起兵反隋进入长安建立唐朝。【联想：李渊建唐留一把（618）。】

3.武则天及其统治：我国历史上唯一女皇帝是武则天，她晚年称帝，改国号为周，她当政期间，继续实行发展农业生产，选拔人才的政策，使唐朝社会进一步发展，国力不断增强，人称她的统治“政启开元，治宏贞观”。

4.贞观之治：唐太宗重视发展生产，减轻农民的赋税劳役；注重任用贤才和虚心纳谏。他任命富于谋略的房玄龄和善断大事的杜如晦做宰相，人称“房谋杜断”。重用敢于直言的魏征为著名的谏臣，唐太宗统治时期，政治比较清明，经济发展较快，国力逐步加强。历史上称当时的统治为“贞观之治”。

★第三课 “开元盛世”

1.唐朝的社会经济

（1）茶树种植：茶叶生产在江南占有重要地位，饮茶之风在全国盛行。

（2）农业生产工具改进：曲辕犁和灌溉工具筒车。

（3）陶瓷业：越窑青瓷、邢窑白瓷和唐三彩最为有名。唐三彩是世界工艺的珍品。

（4）商业：唐朝时期，全国的大都市有长安、洛阳、扬州和成都。

2.长安城内分为坊和市，坊是居民住宅区，市为繁华的商业区。（联想：“坊”写法是土方，居民住在土方，市即为市场。）

3.长安既是当时各民族交往的中心，又是一座国际性的大都市。

4.唐玄宗统治前期唐朝进入全盛时期，历史上称为“开元盛世”。

★第四课 科举制的创立

1.用分科考试的方法来选拔官员，始于隋文帝时。隋炀帝时正式设置进士科，按考试成绩选拔人才。

2.唐朝科举制度常设的考试科目很多，以进士和明经两科最为重要。

3.唐朝时期完善科举制度三位重要人物是唐太宗、武则天和唐玄宗。

4.科举制度的完善：唐太宗大大扩充了国学的规模；武则天大力提倡科举，开创殿试和武举；唐玄宗把诗赋作为进士科考试的主要内容。【联想：三人的关键词，国学、武举、诗赋，孔子（国学）举（武举）着一本唐诗三百首（诗赋）。】

5.科举制度在我国封建社会延续了一千三百多年，直到清朝末年（1905年）才被废除。

★第五课 “和同为一家”

1.唐太宗实行较为开明的民族政策，少数民族人尊称他为“天可汗”。

2.唐朝加强西域地区管辖：唐太宗设安西都护府，武则天设北庭都护府管辖西域地区。（联想：都护，谐音“都dou护”，新疆人面纱遮脸，都护着。）

3.唐与吐蕃关系

（1）7世纪前期，吐蕃的首领松赞干布统一青藏高原，定都逻些。吐蕃人是藏族的祖先。

（2）唐朝时唐太宗把文成公主嫁给松赞干布，密切了唐蕃经济文化交流，增进了汉藏之间的友好关系。

（3）8世纪唐朝又把金城公主嫁到吐蕃。至此，吐蕃和唐朝已经“和同为一家”了。

★第六课　对外友好往来

1.“唐人”由来：隋唐对外交往比较活跃，与亚洲以及非洲、欧洲的一些国家，都有往来。唐朝在世界上享有很高的声望，各国称中国人为“唐人”。

2.与日本的交往

（1）日本人东来：隋朝时已经有日本遣使者到来，到唐朝时，日本来中国的遣唐使有十多批，同来的还有留学生和留学僧等。遣唐使回国后，很受重用。他们以唐朝的制度为模式，进行政治改革（大化改新）。（联想：日本向中国学习。）

（2）鉴真东渡：玄宗时，鉴真应日本僧人邀请，东渡日本，至第六次才成功。他在日本传播唐朝文化，他设计的唐招提寺，被日本视为艺术明珠。

3玄奘西游：唐朝时中国与天竺交往频繁，最杰出的使者是高僧玄奘。贞观初年，去天竺取经，带回大量佛经，还以亲身见闻写成《大唐西域记》。

4.与新罗交往：许多新罗商人来到中国经商，新罗物产居唐朝进口首位。

★第七、八课　辉煌的隋唐文化（一）（二）

1.建筑：隋朝杰出工匠李春设计并主持建造的赵州桥，是世界上现存最古老的一座石拱桥。700多年后，欧洲才建成类似的桥。

2.印刷：唐朝印制的《金刚经》，是世界上现存最早的、标有确切日期的雕版印刷品。【联想：金刚经雕刻在木板（雕版）上。】

3.唐诗：唐朝是我国诗歌创作的黄金时代，成就最高、影响最大的诗人有李白（诗仙）、杜甫（诗圣）、白居易。

4.书法：隋唐时期，我国书法艺术步入又一个高峰。最著名的是颜真卿和柳公权。颜真卿是继王羲之之后，我国书法史上最有成就的书法家；柳公权在书史上留下“笔谏”的美名。【联想：柳（柳公权）枝削成笔尖（笔谏）。】

5.绘画：隋唐时，绘画艺术高度发展，影响较大有唐朝的阎立本、吴道子（画圣）等。

6.莫高窟：隋唐时期最著名的石窟是坐落在今天甘肃西部的敦煌莫高窟。

★第九课 民族政权并立的时代

1.契丹的兴起

（1）时间：10世纪初。

（2）人物：契丹首领阿保机，统一契丹各部，建立契丹国。

（3）都城：在上京。阿保机就是辽太祖。

2.西夏的建立

（1）时间：11世纪前期。

（2）人物：党项首领元昊称大夏国皇帝。

（3）都城：在兴庆（今宁夏银川），史称西夏。

3.北宋的建立

（1）时间：960年。

（2）人物：后周大将赵匡胤在陈桥驿发动兵变，建立宋朝定都东京，史称北宋。

4.北宋与辽之间订立著名的澶渊之盟。结束战争，双方保持了很长时间的和平局面。

5.南宋建立：1127年金灭北宋，同年赵构登上皇位，定都临安，史称南宋。

6.岳飞班师后，宋金达成和议，双方以淮水至大散关一线划定分界线。宋金对峙局面形成。

★第十课　经济重心的南移

1.宋朝的造船业居世界首位。东南沿海的广州、泉州等地，都有发达的造船业。

2.从越南引进的优良品种占城稻，南宋时很快在江南地区推广。水稻在宋朝跃居粮食产量首位，主要产地在南方。棉花的种植，由两广、福建扩展到长江流域。茶树的栽培主要在江南的丘陵地区。

3.北宋时蜀地丝织品“号为冠天下”。江浙的丝绸产量高，朝廷用的丝绸，有很多来自江浙。

4.南宋时，江南地区已成为我国制瓷业重心。浙江哥窑烧制的冰裂纹瓷器，给人以别致的美感。北宋兴起的景德镇，后来发展成为著名的瓷都。【联想：干净的小镇（景德镇）卖瓷器。】

5.南宋时最大的商业都市是临安，它的繁荣程度远远超过北宋时的开封。

6.宋朝的海外贸易发达，成为当时世界上从事海外贸易的重要国家，广州、泉州是闻名世界的大商港。

7.元朝政府鼓励海外贸易，在主要港口设立市舶司，加以管理。

8.北宋前期，四川地区出现交子，是世界上最早的纸币。纸币的产生，有利于商业发展。

9.从唐朝中后期开始的经济重心南移，到南宋最后完成。那时政府的财政收入主要来自南方特别是东南地区。（联想：国家根本，仰给东南。）

★第十一课　万千气象的宋代社会风貌

1.北宋初年，普通百姓只能穿黑白两色的衣服。由于士大夫的提倡，妇女缠足。

2.北宋的肉食中以羊肉为多；南宋多吃鱼肉。宋代时，北方以面食为主，南方以稻米为主。

3.宋代缺马，人们多用牛车，也有驴车。达官贵人乘轿出行。那时交通比较发达，“邸店如云屯”，形容旅店业的兴旺。

4.随着市民阶层的不断壮大，市民的文化生活也丰富起来。东京城内就有许多娱乐兼营商业的场所，叫作“瓦子”。瓦子中有许多专供演出的圈子叫“勾栏”。瓦子的存在，增添了城市的生气。

5.今天的传统节日，像春节、元宵节、端午节、中秋节等，在宋代都有了。宋代称春节为元旦，最为重视。

★第十二课 蒙古的兴起和元朝的建立

1.1206年，蒙古贵族召开大会，推举铁木真为大汗，尊称他为成吉思汗，建立蒙古国，从此结束了长期混战的局面。【联想：成吉思汗坐在椅儿（12）上拿着手枪（06）统一了蒙古。】

2.1271年忽必烈定国号为元，1272年定都大都。1276年元军占领临安，南宋灭亡。

3.元朝大都既是政治中心又是闻名世界的商业大都市。记述意大利旅行家马可·波罗在东方见闻的《马可·波罗行纪》一书，描述了大都的繁华景象。【联想：大都市里面的菠萝（波罗）树上挂满了意大利面条。】

4.元朝为加强对全国的有效统治，元世祖在中央设中书省，地方设行中书省，简称“行省”。元政府加强对西藏的管辖，西藏成为元朝正式的行政区；还加强对琉球的管辖。

5.元朝时的民族融合（根本原因是国家的统一）：

表现：许多汉人来到边疆，为那里的开发做出贡献；边疆少数民族大量迁入中原和江南，同汉族等杂居相处；原先进入黄河流域的契丹、女真等少数民族已经同汉族没有什么区别；形成一个新的少数民族——回族。【联想：关键词开发、杂居、汉化、回族，含花（汉化）的回族人用锯砸（杂居）开了头发（开发）。】

作用：促进各民族经济文化交流，促进了统一多民族国家的巩固和发展。

★第十三、十四课　灿烂的宋元文化（一）（二）

1.北宋时毕升发明活字印刷术，它大大促进了文化的传播，15世纪欧洲才出现活字印刷，比我国晚约400年。

2.指南针是我国人民的伟大发明，早在战国时期，人们制成“司南”这是世界上最早的指南仪器。北宋时，制成了指南针，并开始用于航海事业。南宋时海外贸易发达，指南针广泛用于航海。

3.火药是我国古代炼丹家发明的，唐朝末年，火药开始用于军事上，宋元时期，火药武器广泛用于战争，主要有突火枪、火箭、火炮等。

4.北宋的司马光是我国古代著名的史学家，他编写的《资治通鉴》是一部编年体通史巨著，叙述了从战国至五代的历史。

5.北宋文学家苏轼，他的词气势豪迈，雄健奔放，代表作《念奴娇·赤壁怀古》。两宋之交的李清照作品风格委婉，感情真挚，善于运用口语，显得格外清新自然。南宋的辛弃疾，把词的豪放风格发扬光大，他在词里经常倾吐对山河分裂的悲痛。【联想：速食（苏轼）的人性格豪放，清早（清照）有委婉的鸟叫。】

6.北宋时期的著名画家张择端的作品是风俗画《清明上河图》，描绘了东京汴河沿岸的繁华。【联想：《清明上河图》长得端（张择端）正。】

★第十五课　明朝君权的加强

1.1368年初，朱元璋以应天为都城，改称南京称帝建立明朝，他就是明太祖。【联想：明早（明朝）可以看见一山喇叭（1368）。】

2.明朝的特务机构：朱元璋设立锦衣卫、朱棣设立东厂负责对臣民的监查、侦查，厂卫特务机构的设置，是明朝君主专制高度强化的一种表现。明政府还规定科举考试只许在四书五经范围内命题，答卷的文体必须分成八个部分称为“八股文”。

3.北平的燕王朱棣，打出“靖难”旗号，起兵反对建文帝成功并称帝。1421年迁都北京，以加强中央对北方的控制。

★第十六课 中外的交往与冲突

1.明朝前期明成祖（朱棣）在1405—1433年派郑和七次下西洋，最远到达红海沿岸和非洲东海岸，他是我国也是世界历史上的伟大航海家。郑和的远航，促进了中国和亚非各国的经济交流，加强了我国和亚非各国的友好关系。【联想：郑和下西洋一次领我（1405），一次姗姗（1433）。】

2.明政府派戚继光抵抗倭寇，平息东南沿海的倭患。

3.1553年，葡萄牙殖民者攫取了在我国广东澳门的居住权。在1999年12月20日，回归祖国怀抱。（联想：澳门和葡萄牙简称“门牙”。）

★第十七课 君主集权的强化

1.明朝后期，女真的杰出首努尔哈赤统一了女真各部。1616年，努尔哈赤自立为汗，国号为金，史称后金。迁都沈阳，后改称盛京。

2.皇太极继承汗位改女真族名为满洲。1636年在盛京称帝，改国号“金”为清。1644年迁都北京，确立起对全国的统治。

3.为了加强君主专制，雍正帝设立军机处，议政王大臣会议名存实亡，乾隆帝时撤销议政王大臣会议。军机处的设立，标志着我国封建君主集权的进一步强化。康熙、雍正和乾隆三朝为加强思想上的控制，大兴“文字狱”。

★第十八课 收复台湾和抗击沙俄

1.明朝后期（1624年），荷兰殖民者侵占了我国宝岛台湾，1661年郑成功率兵进入台湾，1662年年初荷兰殖民者被迫投降，台湾重新回到祖国怀抱。郑成功是我国历史上的民族英雄。郑成功在台湾设置府县，加强管理。【联想：台

湾种满了荷花和兰花；郑成功收复台湾骑着一头一流的牛儿（1662）。】

2.1683年清军进入台湾，1684年清朝设置台湾府，隶属福建省。台湾府的设置，加强了台湾同祖国内地的联系，巩固了祖国的东南海防。

3.17世纪中期，沙皇俄国势力侵入我国黑龙江流域，在雅克萨和尼布楚修建城堡。康熙帝命令清军水陆并进，击毙侵略军头目托尔布津，沙俄军队被迫投降。

4.1689年中俄双方代表在尼布楚进行谈判，经过平等协商签订了《尼布楚条约》。这个条约，从法律上肯定了黑龙江和乌苏里江流域包括库页岛在内的广大地区，都是中国的领土。

★第十九课　统一多民族国家的巩固

1.顺治帝接见西藏的佛教首领达赖五世赐予"达赖喇嘛"封号，康熙帝赐予另一个位西藏佛教首领为"班禅额尔德尼"的封号。

2.1727年，清朝开始设置驻藏大臣。驻藏大臣代表中央政府，与达赖、班禅共同管理西藏事务。达赖和班禅的继承，必须报请中央政府批准。（联想：清朝设置驻藏大臣简称青藏。）

3.乾隆帝时下令调兵讨伐回部上层贵族小和卓与大和卓。清朝在新疆设置伊犁将军，对整个新疆地区进行有效的管辖。

4.清朝疆域：西跨葱岭—西北达巴尔喀什湖—北接西伯利亚—东北至黑龙江以北的外兴安岭和库页岛—东临太平洋—东南到台湾及其附属岛屿钓鱼岛、赤尾屿—南至南海诸岛。清朝时中国成为亚洲最大的国家。

★第二十课　明朝经济的发展与"闭关锁国"

1.清朝的闭关锁国

原因：清朝自给自足的封建经济稳定，统治者坚持以农为本的政策，推行"重本抑末"政策，压抑、限制民间工商业的发展；当时西方的殖民统治者正向东方扩张势力，清朝统治者担心国家的领土主权受到外国侵犯，又害怕沿海人民同外国人交往会危及自己的统治。【联想：关键词以农为本、担心侵犯、危及统治，在一个封闭的国家里（闭关锁国），用鞭子抽打（侵犯）一个拿着桶喂鸡（危及统治）的农民（以农为本）。】

表现：清初的40年，实行严厉的禁海政策。清朝统一台湾以后开放四个港口，作为对外通商口岸，后来下令只开广州一处作为对外通商口岸，关闭其他港口。

评价：它对西方殖民者的侵略活动，起过一定的自卫作用。但是，当时的西方国家正先后进行资产阶级革命和工业革命，跨入生产力迅速发展的新时代。清朝闭关锁国，与世隔绝，既看不到世界形势的变化，也未能适时地学习西方先进的科学知识和生产技术，使中国逐渐在世界上落伍了。【联想：关键词保卫、西方发展、中国落伍，中国的箩屋（中国落伍）门前有个头发展开的西方人（西方发展）在站岗（保卫）。】

★第二十一、二十二课 时代特点鲜明的明清文化

1.北京城由宫城、皇城和京城三个部分组成，以“万岁山”作为全城的中心点。城中心的紫禁城（故宫）是皇帝居住的地方，是我国也是世界建筑的瑰宝。

2.明长城东起鸭绿江，西至嘉峪关，蜿蜒六千余公里，是世界上的一个奇迹。【联想：长城边鸭子在绿江里捉甲鱼（嘉峪）。】

3.明朝医药学家李时珍写的一部总结性的药物学巨著《本草纲目》。

4.明朝末年，杰出的科学家宋应星写了一部《天工开物》，总结了农业和手工业生产技术，记录了我国手工业成就。外国学者称它为“中国17世纪的工艺百科全书”。（联想：天上的工人用手里的工具开物。）

5.明朝末年，徐光启关于农业生产的理论和科学方法还介绍欧洲的水利技术的著作《农政全书》。

6.明清时期，古典小说创作进入成熟阶段，元末明初的《三国演义》，是我国最早的一部长篇历史小说，作者罗贯中。《水浒传》是我国第一部以农民起义为题材的长篇小说，作者施耐庵。【联想：罐中的萝（罗贯中）卜放进三个锅

（三国）；俺师奶（施耐庵）抱着水壶（水浒）。】

7.明朝中期的《西游记》是一部充满浪漫主义气息的长篇神话小说，作者吴承恩。【联想：把屋变成恩（吴承恩）只有西游记里会法术的神仙。】

8.清朝曹雪芹的《红楼梦》是我国古典小说的高峰，《红楼梦》具有高度的思想性和艺术性，在世界文学史上占有重要地位。【联想：在红楼上学琴（雪芹）。】

内容梳理：

本册书主要讲了从隋唐时期到清朝时期历朝历代政治、经济、文化、外交等四大方面的内容，每一方面我们又可以按照朝代总结它们的特征，这四方面内容在每个时期的表现就属于我们用记忆方法记忆的笔记信息。分支图的意义就是为了让我们对整体内容一目了然。

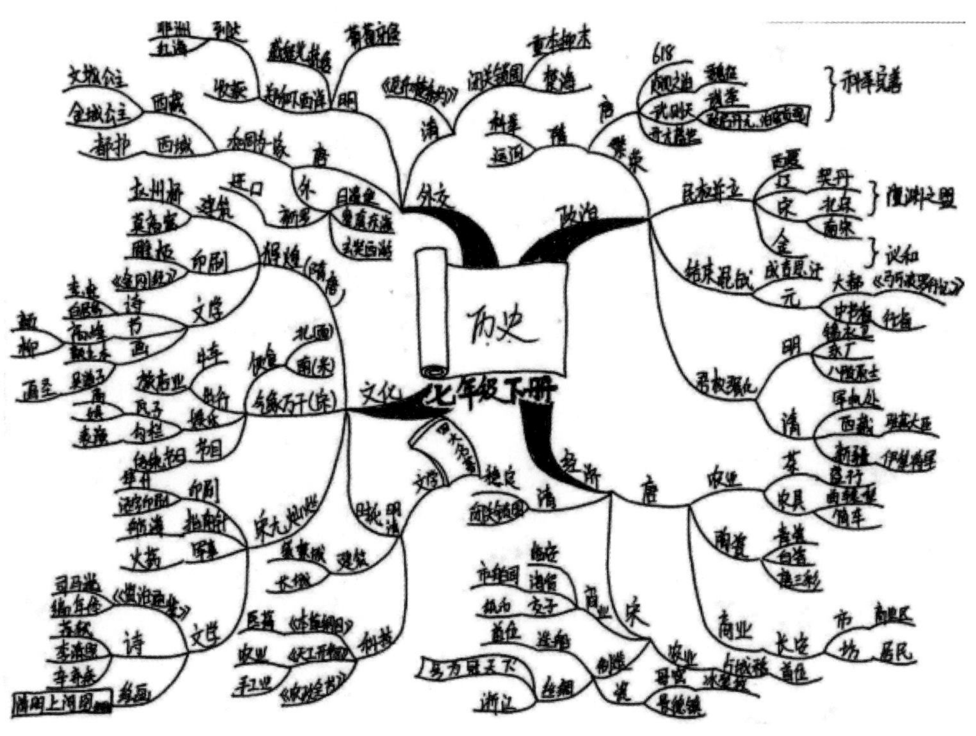

第五章

英文类信息的记忆

第一节 单词记忆

很多人可能觉得记忆英文单词比较头疼，但实际上记忆英文单词比记忆汉字简单多了，一个单词，你只要会读，你就能大体把这个单词的字母拼写出来，而只是会读一个汉字，是无法直接把汉字默写出来的。汉语不仅有普通话，还有古文，古文连中国人自己读起来都费劲，何况让外国朋友来学习。英文之所以成为全球普及率最广的语言，最大的一个原因就是简单。说记忆单词简单，这肯定不是站着说话不腰疼，世界上最难的中国话都说得如此流利，很多人学英文时却觉得超级困难，最大的原因就是练习太少。汉语之所以说得好，因为我们从小接触，我们最先学会的两个词语，可能是“爸爸、妈妈”，在我们学会说这两个词语之前，你根本就不知道你的爸妈冲你喊了多少遍“爸爸、妈妈”。我们周围就是汉语的环境，在我们形成语言期间，咿咿呀呀吐字不清，父母会反复地纠正我们的发音，听多了，学不会都难。所以，大部分人英语听力跟不上，不是老外语速快，而是因为没有专门去练习听力罢了。单词读音记不住，有几个人能像李阳老师一样疯狂阅读？拼写记不住，问题终于来了，单词太多，如果基础不好，短时间要记忆大量单词，其实单词就是符号，要把一个个没有规律的符号对应汉语意思记住，难度自然比较高。本书介绍的记忆单词的方法有很多分类，但都大同小异，如果刚开始你并不觉得用着有多舒服，其实跟你用方法一开始记忆数字一样，理解方法后多尝试几次就好了。所有方法都经过了大量的“尝”试，请放心“食用”。

谐音法

相信很多小学生都有这样的记忆经验，老师在课堂上讲的一个词语，比如“water”，初学者为了记下这个单词的读音，在旁边写下两个汉字“我特”。大部分英文老师是不允许我们这样去记忆单词的读音的，担心用这样的方式会导致我们对单词读音记忆不准确，投机取巧，从而缺少了练习。但是今天我要告诉你，这个方法没有任何问题。如果一个人他听到“water”这个单词，用汉语“我特”标注了一下，在下一次上课的时候，老师提问他：水怎么读？他会不会直接回答“我特”？如果他回答的是“我特”这两个汉字的读音，说明这个学生一点都没有去理解、去阅读，只是老师说到这样一个单词，他硬生生地写下了这两个字，并且他的英文基础超级差。但凡他在记忆这两个汉字之前，根据老师的读音练习个两三遍，下一次老师提问的时候，“我特”这两个汉字只起到提示作用，并不参与理解，他依然还是可以回忆起“water”的正确读音。

当然，这个方法还是有一些不足，虽然你对读音进行了汉语转化，但是所转化的汉语与单词的原意没有任何联系，当我们看到一个汉语词汇，没有提示点去提示我们单词的读音我们到底转化成了哪几个字，除非看着我们转换的字去回忆读音。所以，如果我们想利用这样的方式去记一个单词的读音，读音所转化的汉语，要跟单词的原意进行一个联系。比如：water谐音“我渴”，读音相似，而且“我渴”我们很容易联想到水，渴了就要喝水。巧合案例有很多：

pregnant [ˈpregnənt] 怀孕 —— 扑来个男的

ambulance [ˈæmbjələns] 救护车 —— 俺不能死

ponderous [ˈpɒndərəs] 笨重的 —— 胖得要死

pest [pest] 有害动植物 —— 拍死它

ambition [æmˈbɪʃn] 雄心 —— 俺必胜

bale [beɪl] 灾祸 —— 背哦

hermit [ˈhɜːmɪt] 隐士 —— 何觅他

strong [strɒŋ] 强壮的 —— 死壮

sting [stɪŋ] 蛰 —— 死叮

admire [ədˈmaɪə（r）] 羡慕 —— 额的妈呀

gauche [gəʊʃ] 粗鲁的，笨拙的 —— 狗屎

morbid [ˈmɔːbɪd] 病态的 —— 毛病的

newbie [ˈnjuːbi] 菜鸟、新手 —— 牛比

coffin [ˈkɒfɪn] 棺材 —— 靠坟

以上案例的谐音，跟意思之间都很巧合地联系到一起。其实，我们经过了前面数字、中文的联想训练，任何两个词语我们都可以联想配对到一起。有一次，我在上海遇到一个教英语的校长，他在国外读法律待了十五年，所以有自己的一套很好的教学系统，当听到我用这样的方式教学生时，他提出一个问题：是不是任何一个单词都可以用这个方法，还是只是举例的这几个是特例？我说：您随便说一个词语我们试一下。他看了一下手机说：那就以“微信WeChat”为例吧。我简单思考想到一个答案：WeChat谐音“围起来”，大家围起来不就是要聊天了吗？WeChat就是聊天的意思。还有一次我在河北授课，有个学生提出了一个词：neighborhood社区、街坊，如何联想？连我都还没有联想出来，已经有一个学生大声地说道：nei个户的（那个户的）。所以，你要你愿意去思考总归会给出一个答案。谐音法可以适当用来记记单词读音，增进一下听力考试中提取关键词的能力，但是在记忆单词拼写时，尽量不使用谐音法，这不像俄语，字母即音标，除非你的拼读能力很强，根据读音就能拼写出正确的单词。

拼音法

单词的字母组合不好记，拼音就简单了。

panda　熊猫

拼音：盘打

联想：熊猫把盘子打了。

fare　费用，旅客，食物

拼音：发热

联想：旅客用费用买了发热的食物。

language　语言

拼音：烂瓜哥

联想：烂瓜哥语言很差。

mile　英里，较大的距离

拼音：弥勒

联想：弥勒距离我们有较大的距离。

change　改变，兑换

拼音：嫦娥

联想：嫦娥偷吃仙药改变了命运。

pure　纯净的，纯洁的

拼音：铺热

联想：床铺很热，高温消毒，所以很纯净。

dance　跳舞

拼音：单侧

联想：身体单侧在跳舞。

house　房子

拼音：厚色

联想：房子颜色很厚。

编码法

一个单词能完全转化成拼音，这样的概率太小了。我们前面已经讲到，对于字母可以进行编码，有了编码，任何一个单词都可以进行拆分，而且拆分得越简洁、越有逻辑越好。

gloom　忧郁

拆分：gloo（9100） m（米）

联想：我要跑9100米我很忧郁。

assess　评估

拆分：a 啊　s蛇　e咦

联想：啊，两条蛇，咦，又来两条蛇，它们在评估比较。

thunder　雷，打雷

拆分：th（天河）+under

联想：天河下面在打雷。

bamboo　竹子

拆分：ba（爸） m（妈） boo（ 600）

联想：爸妈吃了600根竹子。

check　检查

拆分：che车　ck刺客

联想：检查车上有没有刺客。

August　八月

拆分：au狼　gu鼓　st石头

联想：八月的狼站在鼓上吃石头。

熟词法

hijack　抢劫

拆分：hi你好 jack杰克

联想：你好杰克，咱们去抢劫吧。

candidate　候选人

拆分：can能 did做 ate吃

联想：又能做事，又能吃的人才能作为候选人。

hesitate　犹豫

拆分：he他 sit坐 ate吃

联想：他坐下来犹豫吃还是不吃。

greenhouse　温室

拆分：green绿色 house房子

联想：绿色的房子是温室。

capacity　容量，能力

拆分：cap帽子 a一个 city城市

联想：帽子能扣过一个城市说明容量很大。

比较记忆法

比较记忆法的目的是为了区分两个长得比较像的单词，在两个单词长得比较像的情况下，如果有一个已经是非常熟悉的、背过的，那么可以通过比较记忆法直接记住另外一个，降低记忆的难度。两个单词只有一个地方字母是不一样的，比如“cup”和“cap”，我们只需要通过它们不一样的字母联想区分就可以了。

bridge　桥　fridge　电冰箱

拆分：b白　f氟

联想：含氟（f）的电冰箱堵在一座白（b）桥上。

注：两个单词只有首字母不一样，b联想到白，f联想到氟，带字母b的是桥，带字母f的是冰箱，所以我们就要把白跟桥联系在一起，想到白桥，把氟跟电冰箱联系在一起，想到含氟电冰箱。

policy　政策　police　警察

拆分：y衣　e饿

联想：警察再饿也不会违反政策脱衣服。

sheet　被单，被褥　sheep　绵羊

拆分：t偷　p皮

联想：顽皮的绵羊偷被单。

gaze　盯，凝视　game　游戏

拆分：z2　m门

联想：两只眼睛凝视门口的游戏。

glue　胶，胶水　blue　蓝色

拆分：g9　b6

联想：九瓶胶水六瓶是蓝的。

alter　改变　after　以后

拆分：l棍子　f风

联想：棍子改变，以后会疯。

例：

little　a little　few　a few　的不同用法：

few 和 a few 后接可数名词；

little 和 a little 后接不可数名词。

few 和 little 意为“很少，几乎没有”，表否定；

a little 和 a few 意为“有几个”，“有一点”，表肯定。

分析：提取关键词“可数、不可数、否定、肯定”。

联想：few与little比较字母的数量相对来讲，few字母少一些，所以更容易数、可数一些，所以few和a few修饰的是可数名词。另一个区别就是带a和不带a，我们可以联想，如果老师给我们的作业写一个大大的A，说明是对我们作业的肯定，没有A就是否定，所以few与little表示否定，a few与a little表示肯定。

词根词缀法

词根词缀法是根据单词造词原理，在掌握一定词根词缀的基础上，通过逻辑分析来记单词的方法。江、河、湖、海、洋几个汉字通通都有一个偏旁三点水，证明这几个字都跟水有关，英文的造词当中，也有同样的原理。

例：

词根vis表示“视觉、看”。

跟vis有关的单词invisible、revise、television、previse。

Invisible，前缀in表示“否定”，后缀ible表示“可……的”，连起来“否定、看、可……的”，我们可以理解为“看不见的”。

revise，前缀re表示“重复”，后缀e表示“动词”，连起来“重复、看、动词”，理解为“复习”。我之前遇到过比较奇葩的解释，比如：重复看就是“看看”，就是“再见”，这样的理解只能在郭德纲的相声中出现，我们要根据句意或需要去合理理解。

television，前缀tele表示“远程”，后缀ion表示“名词”，连起来“远程、看、名词”，能让我们看到远程的东西理解为“电视”。

previse，前缀pre表示“提前的”，后缀e表示“动词”，连起来“提前、看、动词”，提前看到理解为“预习、预知”。

赵老师英文水平确实不咋地，没法跟大家讲太多深入的内容，讲多了容易露馅，但是方法没有问题，理解性的东西英文老师会教给我们，我们只需要记忆难以记忆、难以区分的内容即可。词根词缀记忆法使用的前提是了解大量的词根和前后缀，常用的几百个词根和前后缀用记忆方法记忆就行了。

词根“audi（听）”

audience n.听众、观众、读者

audible a.听得见的

audibility n.可听到、能听度

inaudible a.听不见的、不可闻的

audit v.审计、核对、旁听

auditor n.旁听生

auditory a.听觉的

audition n.（演员等）试唱

audiology n.听力学

audio a.音频的、声音的

词根“qui（t）安静”

acquit 宣告无罪

tranquil 安静、稳定

requiem 安魂曲

quiescent 静止不动的

词根“port运输”

export 出口

portable 便携的

rapport 交往

deport 放逐、驱逐

important　重要的

常见前缀

a，an　无，不　astable不稳定的，acentric无中心的；含有in，on，at，by，with，to等意义，asleep在熟睡中，ahead向前

ab　脱离　abnormal不正常的

be　使……加强　belittle使缩小，befriend友好相待

co，col，com，con，cor　共同　cooperation协作，combine联合，correlation相互关系

di，dif，dis 否定，相反　diffident不自信的，dislike不喜欢

en，em　使……　enlarge扩大，enable使……能，empower使……有权力

e，ex　外，出　external外部的，erupt喷出

il，im，in　否定　illogical不合逻辑的，impossible不可能的，invisible不可见

inter　互相　interchange交换，interlock连锁，Internet互联网

mal　恶，不良　maltreat虐待，malfunction功能失常

mid　中，中间　mid air半空中，midstream中流

mini　小　minibus小公共汽车，ministate小国

mis　错，坏　mistake错误，misspell拼错

out　超过，过度，外，除去 outgrow长得太大，outdoor户外的，outr-oot除根

over　上，过度　overwork工作过度，overbridge天桥

post　后　postwar战后，postnatal诞生后的

pre　前，领先　prewar战前的，prefix前缀

re 回，再 return返回，restart重新开始

trans 转换，越过 transmit传送，transatlantic横渡大西洋的

tri 三 tricar三轮车，triangle三角（形）

un 否定 unstable不稳定的，unknown未知的

under 下，内（指衣服），不足 underground地下的，underskirt衬裙 underpay付资不足

常见后缀

able，ible 可…的，能…的 readable可读的，sensible可觉察的

age 表状态，性质，行为 breakage破损，shortage缺乏

al（adj） 具有…性质的，如…的 personal个人的，regional地区的

al（n） 表动作，人，事物 proposal提案，professional专业人员

ance，ence 表状态，行为，性质 importance重要性，confidence自信

ant，ent 表人，物，行为 applicant申请人，correspondent通信者

dom 表性质，状态，行为 freedom自由，wisdom智慧

ee 表动物的承受者 employee雇员，trainee受训练的人

eer 从事…的人 pioneer开拓者，volunteer志愿者

en（v） 使变成 harden使硬，shorten使短

en（adj） 有…质的，似…的，golden金色的，woolen毛的

er，or 表人，物 singer歌唱家，survivor幸存者

ese 某国（地）的，某国（地）的人及语言 Chinese中国人（汉语）Portuguese葡萄牙人（语）

ess 表女性，雌性 hostess女主人，actress女演员

ful 充满…的，具有…性质的 cupful一满杯，fearful可怕的

hood 表身份，状况，性质 neighborhood邻里，manhood男子气概

ic，ical　类似…的，具有…的　heroic英雄般的，logical合逻辑的

ify　使成…，使…化　magnify放大，purify提纯

ion，tion　表情况，状态，性质，行为　fashion时髦，decision决定

ish　似…的，有…的　selfish自私的，childish儿童般的

ist　从事…工作的人　socialist社会主义者，dentist牙科医生

ity　表行为，性质，状态　unity团结一致，maturity成熟性

ive　有…性质的，有…作用的，属于…　protective保护的，produc-tive生产的　active积极主动的

less　没有…的　fearless无畏的，useless无用的

let　小　booklet小册子，leaflet传单

like有…性质的，像…的　dreamlike梦一般的，humanlike像人类的

ly如…的，有…特性的　manly男子气的，lovely可爱的

ment　表行为，状态，性质　movement运动，management管理

ness　表状态，性质　darkness黑暗，kindness仁慈，business生意

ous　充满…的　dangerous危险的，famous著名的

ship　表状况，状态，身份　hardship苦难，doctorship博士学位，workmanship手艺，工艺

some　像…的，引起…的　troublesome讨厌的，lonesome孤独的

ster　表示人　youngster年轻人，gangster歹徒

万法归宗

将单词拆分成若干个熟悉的部分（单双字母编码、小单词、拼音、词根词缀），然后将拆分的部分与词义连接，编成一个小故事来记忆。

extinguisher 灭火器

拆分：ex一休 ting挺 u你 i我 she她 r人

联想：一休挺身而出用灭火器救了你我他所有人。

例：

mischievous 淘气的

拆分：Mis女士 chi吃 e鹅 v盆 ous藕丝

联想：淘气的女士吃鹅盆里的藕丝。

小试牛刀

cheaply 廉价地

拆分：che车 ap阿婆 ly老鹰

联想：车上的阿婆买了一只廉价的老鹰。

fresh 新鲜的

拆分：fre发热 sh屎

联想：发热的屎很新鲜。

college　大学

拆分：co凑　ll11　e鹅　ge哥

联想：凑了11个鹅跟着哥去大学。

education　教育

拆分：edu恶毒　ca擦　tion心

联想：恶毒的教育擦破了心。

plan　计划

拆分：plan破烂

联想：破烂计划。

relative　亲戚

拆分：rela热辣　ti踢　ve胡萝卜

联想：热辣的亲戚踢胡萝卜。

blouse　（女式）衬衫

拆分：b不　lou露　se色

联想：衬衣不露色。

pack　包装；收拾

拆分：pa啪　ck刺客

联想：啪，把刺客包装收拾了。

public　民众

拆分：pub瀑布　lic理睬

联想：民众看到瀑布不理睬。

maintain　维持；保养

拆分：mai卖　n门　tain太难

记忆：卖门来维持生计太难了。

庖丁解牛

dinner 晚饭

拆分：

联想：

shop 购买

拆分：

联想：

need 需要

拆分：

联想：

autumn 秋天

拆分：

联想：

contest 比赛

拆分：

联想：

holiday 假日

拆分：

联想：

Music 音乐

拆分：

联想：

Lunch 午饭

拆分:

联想:

cloudy 阴天的

拆分:

联想:

sheep 羊

拆分:

联想:

farm 农场

拆分:

联想:

glove 手套

拆分:

联想:

fever 发烧

拆分:

联想:

rest 休息

拆分:

联想:

cough 咳嗽

拆分:

联想:

bandage 绷带

拆分：

联想：

blood 血液

拆分：

联想：

broken 残缺的

拆分：

联想：

open 打开

拆分：

联想：

carry 提

拆分：

联想：

rubbish 垃圾

拆分：

联想：

snack 快餐

拆分：

联想：

drop 落下

拆分：

联想：

第二节 相似词组记忆

英文短语通常是由简单的小单词组成，所以短语的记忆难度不在于单词拼写，而是对应的汉语意思。但话说回来，只要课堂上认真听讲，课文中所出现的短语遇到一两次，基本上就知道了。英文基础比较差的人，想要在短时间内记住大量的短语，可以利用谐音法把短语和汉语意思联系到一起。例如：look for谐音“落客房”，东西落在了客房，当然要回去寻找呀，这样我们就可以很简单的把“look for”和汉语意思“寻找”联系到了一起。但如果跟look有关的短语大量地同时出现，谐音法好像就不怎么管用了。这种情况下，我们要在这一类短语中根据不同点区分，如何区分呢？

绘图法记忆词组

还记得我们的万事万物定位法吗？任何一个物体都可以拆分成若干个部分，因为我们的想象力太强大了，我们完全可以把需要记忆的信息结合到物体拆分的每一个部分上面。如果我们要记忆跟look相关的短语，因为这些短语相同部分都是look，那我们就可以把look联想成一个主体图像，后面不一样的部分同样转化成各自的图像，然后把这个主体图像拆分成若干个部分，每一个部分去承载不同的转化图像就可以了。直接看案例。

跟take有关的短语

take away拿走； 使离开；消除（病痛等）

take care of （好好）照顾，照料

take out取出，拔出；除掉（污迹等），擦去；邀（某人）出门；带去；取得

take off取[脱]下； 拆下； 切除 ，起飞

take one's time 别着急，慢慢来

take cold着凉

take a chair坐下

take amiss因……而见怪； 误会， 误解

take apart使分开， 拆开；严厉批评

take back收回（前言）， 承认说错了话； 取消（诺言）

take down取下；记（录）下来；拆掉

take in收进， 接受； 装入， 收容， 接待；领（活）到家里做

take on具有，呈现（某种性质、特征等） 担任（工作）， 承担（责任）雇用，接受……的挑战； 同……较量

take over接管 收容

take to爱， 喜欢；嗜好， 沉迷于， 开始从事

take up举[拿， 捡， 拔]起 占（地方）； 费（时间）

take up with和...交往[鬼混]；采用， 赞成

绘图内容解释：

Take谐音“坦克”，所以主体图像是坦克。以坦克为主干向周围发散绘图。

1.坦克上坐着圆圆的狒狒（off），长着翅膀是要“起飞”，拿着刀代表“切除”。所以对应的就是“take off 起飞，切除”。下面的词组一样的道理。

2.坦克上的椅子（chair）“坐着”个人。

3.开（care）坦克的佛“of”“照顾”婴儿。

4.坦克的挡板（down）有支“毛笔（记录下）”一样的“扳手（拆掉）”。

5.坦克下面有一只兔（to）很“喜爱”胡萝卜。

6.奥特曼（out）“取出”一个炮弹。

7.坦克“举起”一个巫婆（up）。

8.“拆开”的梯子用来爬车（apart）。

9.巫婆（up）放出的蚊子（with）在“交往”，伸着大拇指代表“赞同”。

10.骷髅（over）上插着“接通的管子（接管）”。

11.向上（on）的箭头在“称海鲜（呈现）”。

12.佛的嘴巴（说错了话）上有个返回键（back）。

13.狒狒在雪花（cold）面前“感冒”了。

14.蚊子迷死（amiss）了对方，上面有一个在“舞会（误会）”中跳舞的人。

15.佛把钱放进（in）巫婆碗里，代表“收容”。

16.钟表（one′s time）前面有“慢悠悠（慢慢来）”的线条。

这张图片看似复杂，经过解释发现内容其实很少，但是所有内容都最大限度地起到了辅助记忆的作用。你可以直接记忆我画的图像，虽然绘画没有那么专业，但是内容表达得非常完整，如果你自己本身有绘画功底，那你只需要发挥自己的想象，画出一幅更加适合自己的图像，而且自己画的图像印象超级深刻。每一个相似词组都可以转化出一个主题图像，甚至没有主体图像也可以直接绘制，因为最终你每一组的绘画都是不一样的。

跟put有关的短语

put off延期；推迟

put on假装；伪装

put out熄灭；关熄；扑灭；出版

put oneself out费神；花工夫

put over解释；说明；表达

put through接通电话

put to问（问题）；提（建议）

put together商量

put up举起；抬起；张开（伞）

put up to鼓动；唆使…做…

put up with忍受；忍耐；受苦

put about散布（消息）；宣称

put across解释；表达

put aside节省（钱、时间）；储蓄

put away储存（钱）；储存……备用

put back拨回；向后移

put by储蓄；储存……备用；储存（钱）

put down写下；记下

put down as视为；看作

put down for把……列入名单

put down to因（某事）而起

put forward提出（意见、建议）

put in放入

绘图：

对应词组：

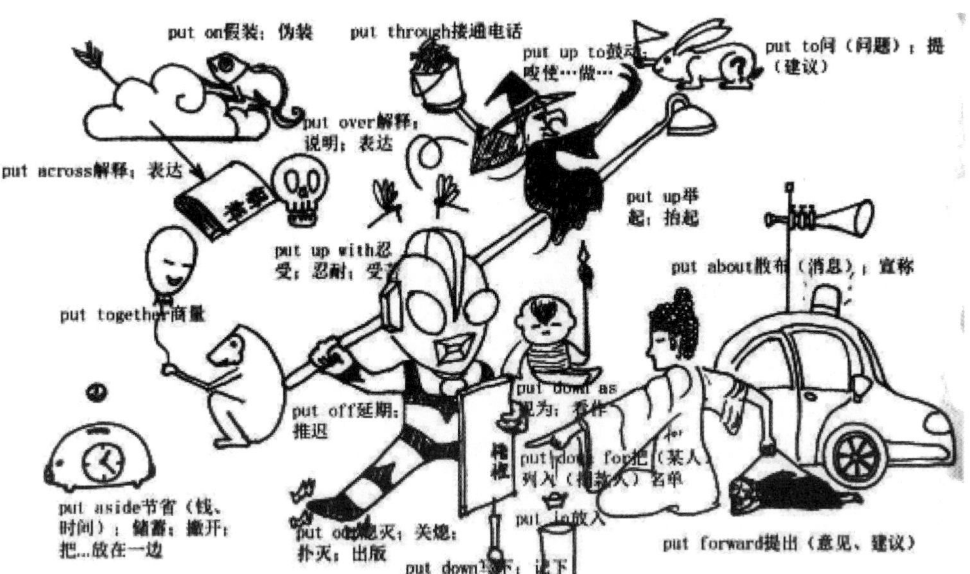
put on假装；伪装
put through接通电话
put up to鼓动；唆使…做…
put to问（问题）；提（建议）
put over解释；说明；表达
put across解释；表达
put up举起；抬起
put up with忍受；忍耐；受
put about散布（消息）；宣称
put together商量
put down as视为；看作
put off延期；推迟
put down for把（某人）列入（捐款人）名单
put aside节省（钱、时间）；储蓄；撇开；把...放在一边
put in放入
put out熄灭；关熄；扑灭；出版
put forward提出（意见、建议）
put down写下；记下

部分内容解释：

1.锄头把手“推（推迟）”一个圆圆的狒狒（off）。

2.木板挡（down）着佛（for），佛指着木板上的“名单”。

3.“接住的桶（接通）”里有肉丝（through）。

4.“举起”一个巫婆（up）。

5.提（提出）”着个卧的佛（forward）。

……

地点定位法记忆词组

如果你觉得绘图对你来讲有绘画上的难度，那地点定位法只需要按照记忆数字时的方式发挥我们的想象即可。比如：我们要记忆跟make有关的短语，我们可以找到一个大房间，就把这个房间当作make，短语按照绘图记忆法中的转化方式转化图像，然后在房间里找出各个地点，每一个地点对应一个短语，把图像紧密连接。按照最佳搭配的原则会更好。

跟make有关的短语

make sure 确信；证实

make up 弥补；组成；化妆；整理

make up for 补偿，弥补

make out 理解；辨认出；说明；填写；设法应付

make for 导致；有助于；走向

make of 了解；用……制造

make in 加入，进入；干涉别人

make a mistake 犯错误

地点画面联想：

1.有声音“（sure谐音‘说’）”的电视机上放了一封信（确信）。

2.两张凳子“组成”的沙发上有个巫婆（up）在“化妆”。

3.巫婆（up）指着地板“黑色小块（像是地板的补丁‘弥补’）”上的佛（for）。

4.“填写”东西的奥特曼（out）站在窗前向外“望（辨认出）”。

5.站在地板的佛（for）拿着“刀指向（导致）”餐桌（走向）。

6.圆圆的斧子（of）劈碎了“纸造（制造）”的摆台。

7.抽屉里（in）“金子入到（进入）”里面。

8.茶几上的水壶（take谐音“他渴”）里的开水，没事（mis）可以直接喝，这是“错误”的。

第六章

图形类信息的记忆

图形类信息，我们需要记忆的点有两个，一个是图形的样子、属性，有花纹、大小、颜色、亮度、形状等，一个是图形所要表达的信息，也就是说这个图形是什么东西或者表示什么东西。在记忆时图形所表示的信息其实就是一个汉语词语，图形的样子根据不同的属性，转化成我们熟悉的事物跟表达信息的汉语词语联系在一起即可。

第一节 人名相貌记忆

生活中认识一两个新朋友快速记住他们的名字似乎不是什么难事，但是对于一些遇见新人比较多的情况，比如升学同班的几十个新同学，老师做假期训练营一下子认识一群新学生，来到一个新公司需要快速把新同事们的名字、相貌、部门、工作理清等情况下，快速将名字和长相对号入座就显得比较重要。其实，在我们众多类型的信息中，记忆人名、相貌是相对比较难的，有的人可能觉得背课文更难，但是你要知道一学期的课文有多少，陪伴你三年的同学才几个。难度一，人名不同于生活中的词语，词语有意义，而人名往往除了狗蛋儿、铁柱之类以生活经验起名的特殊情况，都是汉字的随机组合；难度二，人脸似乎是我们人的大脑一个特殊部位来区分记忆的，人都长着眼睛、鼻子、嘴巴，但是不同的人我们一眼就看得出来天壤之别，即使是双胞胎也能看出差距，但难度在于把脸跟名字匹配的时候，由于大家都长得是眼睛、鼻子、嘴巴，一旦多个相貌同时出现便不容易区分。

人名的转化

跟抽象词的形象转化一样，我们可以通过谐音、倒序、望文生义、增减字等方法对人名进行形象转化。按照转化的应用和记忆准确度，我们把人名的转化分为两类。

1.实用型的转化，也就是在生活中对遇到的人名进行转化，因为接下来可能你与这个人还会有多次交集，相当于反复复习，所以可以转化得简单随意一些，只要能提示我们大概想起来名字怎么读就可以。比如：我在第一次学习记忆方法的第一天，我们有一个同学叫秦正涛，老师为了记住他的名字谐音转化成了“秦正讨”，解释为秦始皇正在讨债。我有个学生叫王冠逸，我第一次见他直接把名字想象成阿基米德鉴定王冠是否是纯金的密度实验的小故事，谐音成“王冠溢”，解释为王冠掉到水里水溢出来了。这样的方式转化的图像在于我们很容易通过谐音想起他们的名字的读音，但是对于名字的写法可能会出现错别字，当然，我们这种普通情况下如果没有特殊需要记住读音就足够了。

2.竞技类的转化，我们在世界比赛时有这样一个项目，就是在短时间内尽可能多地记住人名所对应的人脸。而比赛要求是非常严格的，字也不允许写错，所以我们转化时有两种方式。第一种就是按照适用类型的转化，转化完成后对着字多看几眼，就能有一定印象，而且正确率也不低，稍稍会浪费一点时间。第二种是每一个都进行转化，虽然增加了我们图像的记忆量，但是对于字的准确度会增加。比如：陈剑军，姓氏比较固定，可以跟剑一起联想成“沉剑”，解释为一把很沉的剑，军联想成军人、军服都可以，总体图像就是一把很沉的剑刺中了一件军服。如果是陈剑君，我们就把君转化成君王，解释为一把很沉的剑刺中了一位君王。

人脸的特征

虽然我们每个人的脸都是眼睛、鼻子、嘴巴，但是由于胖瘦不同、骨骼不同、肤色不同、穷富不同等原因，任何一个人都有自己独特的一面。所以我们尽可能地从每一个人的脸上甚至身上找出区别于其他人的特征，跟他们自己的名字联系在一起。我们可以取以下特征：

1.发型，直发还是卷发、短发还是长发、散发还是扎辫子、光头还是谢顶、自然还是烫染、发色黑白红黄、刘海齐斜、毛发稀疏等。在形象转化中，卷发想象成弹簧、辫子转化成鞭子、光头想象成灯泡、长发想象成瀑布，直接按照特征转化成我们第一印象想到的最简单的图像即可。

2.眼睛，大小、单眼皮还是双眼皮、眼睫毛长短、眼窝深浅、眉毛形状深浅等，大眼睛想象成湖水、双眼皮想象轨道、粗眉毛想象成毛毛虫、深眼窝想象成山洞。

3.耳朵，耳郭大小、耳垂大小、招风耳、耳毛，大耳垂想象成水滴、招风耳想象成雷达。

4.鼻子，鼻梁高低、鼻孔大小、鼻毛、鼻孔形状，高鼻梁想象成山脊、高鼻孔想象成黑洞。

5.嘴巴，嘴巴形状、嘴角是否上翘、有无口红、嘴唇厚薄、男人胡须形状、牙齿颜色、牙齿是否整齐、声音粗细、口音，嘴巴比较大想到大嘴明星、牙齿不齐想到狼、胡子可以想到草丛。

6.脸蛋儿，红润还是黝黑、胖嘟嘟还是瘦削，酒窝，红润想象成苹果、胖嘟嘟想象成气球。

7.首饰，帽子、扎头绳、发卡、眼镜、耳坠、项链、手镯等一些短时间不会发生太大变化的首饰，衣服类，尤其爱美的女孩子经常替换，尽量不作为记忆点。

8.生活中有长相相似的情况，如果第一次见某个人很像我们认识的一个人，直接用熟悉的人替代。

我们以中国赛的人名头像试题尝试联想，外国人名除了比赛时要把字记忆准确，生活中只需要记忆读音即可。比如：

第一个人比较突出的特征是嘴唇比较厚，名字叫海斯，谐音“孩撕”，可以想象一个孩子在撕他的嘴巴，然后用一个蓝手帕撕的，连起来——海斯· 兰帕德。

最后一排第二个女生的头发染过且扎得很蓬松，显得很时尚、很犀利，我们可以想象头发跟马鬃一样，并且染得红艳艳的，蓬松就像飞起来了一样飘逸，连起来——马艳飞。

第一排第四个男生帽子很像飞行员的帽子，迪卡谐音“皮卡”，可以联想飞行员开着皮卡冲进了森林。

第二排第二个女生嘴巴小巧玲珑，让我想到了《疯狂动物城》里可爱的朱迪，这个女生整体形象很美丽（梅里）。

第二节 家犬品种记忆

狗子也有它们的“脸蛋儿”，但是通过脸辨认狗子是有点困难的，所以，通常我们需要通过狗子的体型、毛来辨认是什么品种，品种名称同样图像转化或者逻辑联想。

藏獒：体型硕大，犬中霸主，犹如西藏处于世界之巅，在西藏这么冷，要穿着袄，藏袄谐音藏獒。

金毛：它和拉布拉多很像，区别在于毛发非常长而且丰厚，毛发以棕黄色的深色或浅色为主。名字跟长相匹配。

拉布拉多：拉布拉多犬的毛发是比较短而且密实，颜色是非常多的，有白

色、黑色、咖啡色或者是黄色，但是在市面上，我们最常见的是黄色拉布拉多犬。狗拉屎（大家忍耐一下）跟它的毛发一样顺滑，但是拉狗屎不拉多。

哈士奇：外形非常像狼，狗长得像狼，哈哈，是奇怪（哈士奇）。

黑背（贝）：通常背部黑色，故名黑背。

蝴蝶犬：两个大耳朵像不像蝴蝶。

比熊：白白的、胖胖的，敢跟北极熊比一比，所以是比熊。

萨摩耶：直立的耳朵很厚，呈三角形，尖端略圆，两眼凹陷，嘴角上翘，美美的样子一顿饭吃仨肉夹馍耶。

泰迪：你的玩具泰迪熊的样子。

吉娃娃：小娃娃的体型，大大的眼睛，脾气凶，很容易急眼（急娃娃谐音吉娃娃）。

博美：脖子周围的饰毛（颈毛）像鬃一样，所以脖子很美（博美），尾巴被毛丰富，明显举过背，长有机警眼睛的狐狸样头。

雪纳瑞：明显的、丰富的嘴毛，就像锐利的牙齿拿着雪（锐拿雪倒叙雪纳瑞）。

柯基：腿短的象征，如同客机（柯基），大身子小轮子。

第三节 汽车标识记忆

有字母标志的图案根据字母联想即可。对于只有图形的，话不多说，看案例。

林肯：中间是个开垦的田，四面突出的角像田周围的树林。

丰田：中间横弧像牛角，竖着的椭圆形像牛脑袋，丰收的圆形田里，有一头牛。

本田：方形的田里，“H”像是四方四角的书本。

马自达：中间的飞燕想到马踏飞燕，这么快的马自然很容易到达目的地。

第四节　扑克牌的记忆

扑克记忆跟数字记忆是一样的道理，也是把扑克牌转化成数字编码，然后通过地点定位的方式进行记忆。回忆时想到地点上的图像，转化成数字编码，再转化成扑克牌即可。当练习多了，转化数字的过程会省略，看到扑克牌直接想到编码图像。利用图像法记忆扑克牌，需要先看清楚牌面才能转化编码记忆，并不能透视，也不要妄想在洗牌的时候趁机扫一眼就可以熟记于心，所以不要跟扑克牌的千术联系在一起。

扑克编码转化：

黑桃A——黑桃10 = 数字11——20

红桃A——红桃10 = 数字21——30

梅花A——梅花10 = 数字31——40

方片A——方片10 = 数字41——50

黑桃J 红桃J 梅花J 方片J 分别代表51、52、53、54

黑桃Q 红桃Q 梅花Q 方片Q 分别代表61、62、63、64

黑桃K 红桃K 梅花K 方片K 分别代表71、72、73、74

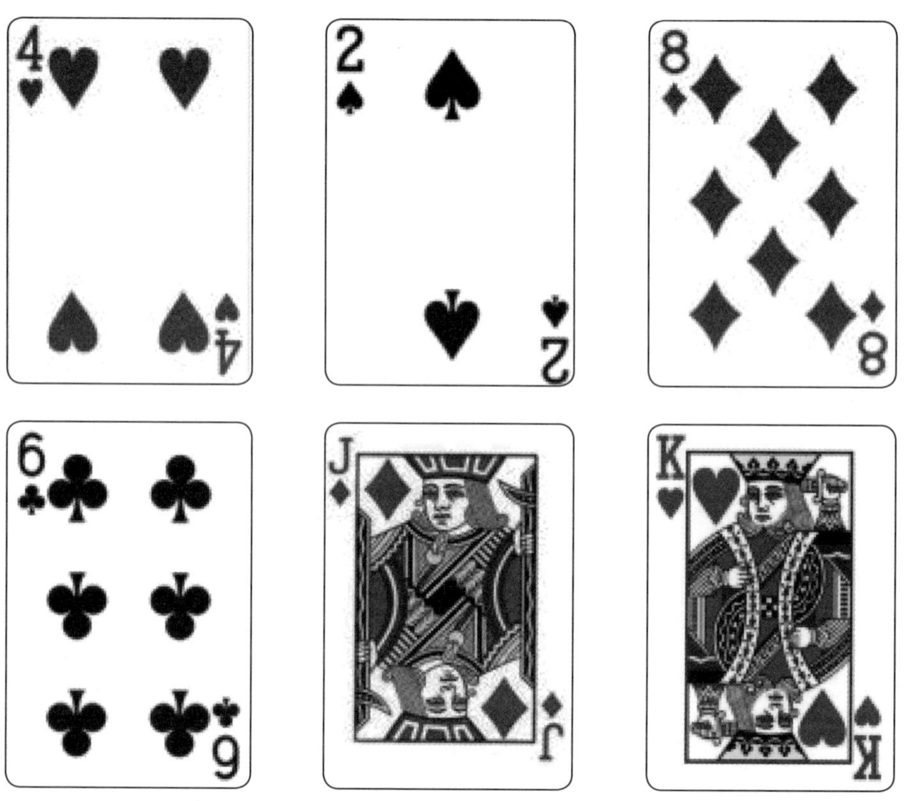

以这六张扑克牌从左到右的顺序为例，从房间里找两个地点：门、鞋架、茶几，每两张扑克牌放到一个地点上。

记忆：

红心4为24编码闹钟，黑桃2为12编码椅儿，联想：门上的闹钟掉下来砸中了椅儿。

方片8为48编码石板，梅花6为36编码三鹿奶粉，联想：鞋架上的石板砸扁了三鹿奶粉。

方片J为54编码武士，红桃K为72编码企鹅，联想：茶几上跳下个武士踩死了企鹅。

……

世界赛规则：

在尽可能短的时间内记忆一副打乱顺序的扑克牌，记忆中不要大小王，52张扑克牌，记忆时间5分钟以内，记忆完成后，复牌时间也是5分钟，用一副新的没有打乱的扑克牌，按照记忆的顺序将其还原。

记忆流程：

1.冥想

目的：调整心态，清空思维，为接下来的记忆作准备。

方法：屁股坐于椅子前三分之一，两腿自然弯曲，保持脊柱竖直，双肘撑于体前，十指相扣，抵于额头，舒缓呼吸，大脑可以什么都不想，尽量放空；也可以有节奏的回忆地点，给大脑一个舒适的预热。

2.记忆

目的：正确记忆打乱顺序的扑克。

方法：运用地点定位进行记忆。

要求：一手持牌推牌，一手接牌。

推牌可一张接一张，也可两张一起、两张一起。

匀速推牌，保持节奏。

可用点头等动作维持节奏及记忆的流畅性。

3.回忆

目的：在开始遗忘之前对记忆的内容进行巩固。

方法：记忆结束后，立刻保持冥想时的姿态，在大脑中迅速回忆刚才记忆过的信息。回忆时可以从第一个地点回忆到最后一个地点，也可从最后一个地点回忆到第一个地点。中间有回忆不起来的可以先空着，回忆结束后，按数字编码顺序回忆编码，有回忆起来的机会。

4.复牌

要求：重新用一副新牌按刚才记忆的顺序摆出来。

方法：迅速将扑克摊开，尽量让所有的扑克的右上角都露出来。按顺序找各张扑克并按顺序排列好。中途有记不起来的先掠过最后剩下的记不起来的直接看着回忆，有回忆起来的机会。复完牌在规定时间内抓紧复习。

结　语

本书的内容大家也看到了，语言表达通俗到俗气，赵老师的美文写作能力并不行，这不光是作文写不好的原因，其他学科的学习能力、表现能力以及读书爱好、写作兴趣都影响着脑袋里想要表现的内容的丰富程度。

之所以要有一套记忆方法，不只是为了记忆知识点。随着年龄的增长，需要依靠记忆完成的学习内容越来越少，理解能力越来越重要，一个人智商的表现看的并不是记忆力而是抽象理解能力。记忆知识点的过程中按照方法的流程不断理解内容、转化图像、想象连接，当我们将这套方法练习（暂时不称之为训练）到成为自己的内在能力，这时就不只方法那么简单，我们会因为自己拥有跟别人不一样的一套技能而提高对自己的要求，提高学习的主动性。一个人总喜欢放大自己的优势，跑步比别人快时，就更愿意运动，愿意让自己更快；绘画比别人好，语文政治历史课也就都变成了美术课；当我们的记忆力因为这一套方法而变得流程化、简单化，任何跟记忆相关的内容我们也就不愿意轻易放过。学习的好坏无非就是对学习的内容有没有进行记忆和理解，也就是能不能把注意力集中到学习的内容上。使用方法就需要对内容进行关键词的提取，关键词转化就需要我们发挥想象力，转化的图像进行连接就需要再次加深印象。关键词记忆完成还要把它们放回到原来的内容中去，看是否可以做到内容能根据关键词回忆出来，这个过程又是对学习内容的复习。

人生经历中，学校里的学习其实是比较难的事情之一，如果你连学校里的学习都能搞明白，那说明你的智商还是很不错的。因为学习内容中抽象的东西很多，你学习好必然抽象思维能力很占优势，也就是我们前面说的智商高。形象思维是比较简单的，看到什么照着比画，照着做就可以了，这就是为什么没有考上南开大学的都去了南翔技校。对于技术，照着练习，或许学习前期并不需要太多的想象力和记忆力，能把动作重复一万次你就是大师。

问题就是，如果一个人抽象思维不擅长，在学习上就没救了吗？我们确定的是，简单的形象思维能力我们每一个人都没问题，把学习变得简单就是把抽象信息转化成形象信息的过程，而这个过程最好的训练方式就是图像记忆方法。

记忆方法就是一项技能，技能的练习必定是充满智慧的思考和持之以恒的练习，愿这项技能在今后的学习中能给予大家一定程度的辅助。

附录　双字母编码表

ab 阿伯	ac 阿痴	ap 阿婆	ad 广告
al 袄	ar 矮人	au 狼（狼的叫声）	ch 吃
ck 刺客	co 扣子	com 网页	con 葱
ct CT机	de 德芙	dr 敌人	dy 电影
ea 牙	ee 眼睛	ep 邮票	er 耳朵
et 外星人	eve 猫头鹰	ex 一休	ff 狒狒
fi 飞机	fl 法老	fr 富人	ft 福特车
fu 福	gr 工人	hi 海	ic/ip 卡
ld 老大	lish 历史	lt 老头	ly 老鹰
ment 馒头	mp 媒婆	ne 哪吒	nd 脑袋
nt 农田	od 欧弟	op 手机	or 猿人
ot 奥特曼	ous 藕丝	pl 漂亮	pr 仆人
pro 东坡肉	pt 葡萄	sc 四川	sion 女神
sp 食品	st 石头	str 街道	th 天河
tion 心	tr 土人	ty 汤圆	un 云
ve胡萝卜	vi 胃